复杂机器人系统实时规划
理论与技术

张时毓　著

科学出版社

北　京

内 容 简 介

本书围绕提升应用型机器人自主化和智能化水平的重要目标,重点介绍其中的核心问题——机器人实时规划理论与技术,涵盖了该领域国内外研究现状,以及作者近年来取得的相关研究成果。本书首先介绍高维自由度机械臂在动态和不确定性因素下的实时轨迹规划问题,包括基于非线性优化的轨迹规划族模型的建立,以及基于非凸模型转化、学习优化、关节解耦的模型变换方法和求解算法;然后介绍多个机械臂在共享工作空间中的实时运动协调和任务分配方法,阐明其对不确定性因素的反应能力和可拓展性。

本书可作为应用控制科学与工程、机械工程等学科领域的高校教师、研究生和高年级本科生的教学和科研参考用书,也可用作政府部门和企事业单位相关人员的实践指导书。

图书在版编目（CIP）数据

复杂机器人系统实时规划理论与技术 / 张时毓著. -- 北京：科学出版社, 2025.3. -- ISBN 978-7-03-079125-2

Ⅰ. TP242

中国国家版本馆 CIP 数据核字第 2024QH3572 号

责任编辑：万瑞达 杨 昕 / 责任校对：赵丽杰
责任印制：吕春珉 / 封面设计：东方人华平面设计部

科 学 出 版 社 出版
北京东黄城根北街 16 号
邮政编码：100717
http://www.sciencep.com

天津市新科印刷有限公司印刷
科学出版社发行 各地新华书店经销
*

2025 年 3 月第 一 版 开本：B5（720×1000）
2025 年 3 月第一次印刷 印张：10 3/4
字数：216 000

定价：118.00 元
（如有印装质量问题，我社负责调换）
销售部电话 010-62136230 编辑部电话 010-62143239（BN）

前　　言

提高机器人的自主化和智能化水平是当前机器人研究的重要目标，机器人的实时规划是其中一个核心问题。实际应用中往往涉及复杂机器人系统：一方面机器人所处环境比较复杂，存在很多不确定性因素，要求机器人系统具备实时反应能力；另一方面包含多种复杂因素，如高维自由度串联机器人（机械臂）、多机器人系统、大量任务等，难以快速、精确地建模与求解。因此，在有限的时间内对复杂问题进行高效求解，是一个难点问题。

机器人规划一直是机器人领域的重点研究问题，研究者提出诸多方法以应对愈加复杂的环境和任务，希望取得更好的求解性能。目前，虽然越来越多的研究关注机器人系统对动态、未知、不确定性情况的反应能力，但是达到足够的计算速度和可行性，并且能够可靠地用于实时系统中的规划方法还较少。本书介绍多种针对复杂机器人系统在不确定性因素下的实时规划方法，从单机械臂的实时轨迹规划问题入手，拓展至多机械臂系统和多任务情况，并以虚拟飞机座舱力触觉交互应用为例，介绍该技术在实际问题中的应用。

感谢戴树岭教授、赵永嘉博士、Federico Pecora 教授、Andrea Zanchettin 教授和 Villa Renzo 等合作者，他们的帮助与支持使本书能够顺利完成。

本书编写得到了国家自然科学基金项目［面向星表探索的稠密干涉多机械臂解耦协调轨迹优化研究（项目批准号：62303067）］、北京邮电大学人才项目［面向空间原位制造的自主多机械臂协同技术研究（项目编号：2023RC60）］、瑞典国家科技创新局（Vinnova-Sweden's Innovation Agency）项目（2018-04622）、科技创新 2030—"新一代人工智能"重大项目（2018AAA0102900）的资助，在此表示衷心感谢。

限于笔者的能力和水平，本书难免有不足之处，恳请各位专家、学者和广大读者批评指正。

目　　录

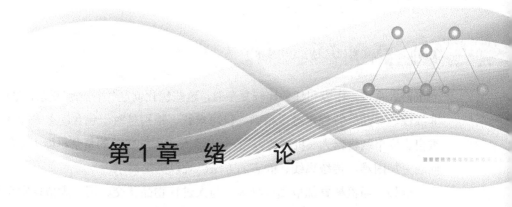

第1章 绪 论

1.1 机械臂实时规划技术

当前，机器人在各个领域的应用日益广泛，协助或代替人完成了众多任务。为了使机器人能够应对愈加复杂的环境和任务，人们对机器人系统的自主性和智能性要求不断提高。实际应用中往往涉及复杂机器人系统，如处于动态未知的复杂环境，包含高维自由度串联机器人（机械臂）、多个机器人、大量任务等。这些复杂因素给机器人规划问题的建模和求解带来挑战。本书主要考虑机器人类型为具有高维自由度和串联结构的机械臂。机械臂可以模拟人的手臂进行操作，具有复杂的运动链，其规划问题尤为困难。

机器人规划是使机器人顺利完成任务的重要环节，一般指以外界环境、机器人当前状态等因素作为问题的输入，以安全高效地完成任务为目标，生成一系列行动的计划。机器人规划包括任务规划、路径规划、轨迹规划等多种层级和形式。任务规划包括将较复杂、包含多个环节的任务分解为一系列子任务，再将子任务分配给机器人，确定子任务的执行顺序等。路径规划通常指在位形空间寻找一个序列，使机器人以尽可能短的距离从起始位形运动至目标位形，并避免与环境的碰撞。轨迹规划通常指求取位形变化的时间函数，考虑机器人的运动学和动力学约束，使其以尽量快的速度从起始位形运动至目标位形或跟踪指定的几何路径运动。

机器人规划问题通常建立为优化问题，以外界环境、机器人当前状态、任务目标等作为输入，考虑机械限制、碰撞避免、任务顺序等因素建立约束条件，并以距离最短、时间最短、能量最小或其他与具体任务相关的指标作为优化目标。

当机器人系统、环境和任务比较复杂时，这些优化问题往往比较复杂，呈现高维、非线性、非凸等特性，难以精确、快速求解。特别是对于包含动态未知环境、高维自由度串联机器人（机械臂）、多个机器人和大量任务的复杂机器人系统，规划问题更加困难，传统离线、静态的方法已难以满足需求。

例如，当机械臂抓取飞行物体、与人进行物品移交、用于虚拟现实系统中的力触觉时，机械臂需要与外界不确定性动态因素进行实时交互，须对机械臂进行实时轨迹规划。随着外部因素的不断变化，机械臂要能够对这些变化做出快速连续反应。因此，需要以较高的频率采集和处理外部信息，更新当前状态，然后据此重新进行轨迹规划。为了实现精确、迅速的响应，状态更新及重新规划的周期一般较短，因此，须尽量减少轨迹计算时间来满足实时性。轨迹规划问题通常建立为非线性优化问题模型，机械臂通常自由度较高、优化参数较多，且实际问题中往往涉及较复杂的目标函数和约束条件，因此基于非线性优化的轨迹规划问题计算复杂性较高，对其进行实时求解是一个难点。

随着机器人执行的任务日益复杂，很多任务需要多个机器人协作完成。相比于单个机器人，多机器人协同工作可提升工作效率、灵活性和稳健性，因此，需要大幅扩展机器人系统处理复杂任务的能力，如实现协作装配、制造和重物运输等。例如，如图 1.1 所示，地下采矿中的多机械臂协作挖掘隧道；在采矿车上安装多个机械臂，每个机械臂末端安装钻机，多个机械臂同时工作，在墙面上钻取一系列孔眼，为爆破和挖掘隧道做准备，在此过程中，由于墙壁岩石密度、钻头

（a）多机械臂采矿车　　　　　　　　　　（b）钻孔任务示意图

图 1.1　地下采矿中多机械臂协作钻孔挖掘隧道

状态和钻孔角度等未知动态因素，难以可靠地预测钻孔的持续时间，有时会发生钻头断裂、岩面坍塌、控制器故障等意外状况，导致机械臂当前运动延迟或中断。此外，很多其他应用具有相似特征，如多机器人协作装配中多个机械臂同时从不同位置拾取零件、运送至操作台进行组装等。

多机械臂协调运动是实现多机械臂在共享工作空间中安全、高效协同工作的一个关键问题。该问题针对指定任务，生成多个机械臂的协调运动轨迹，使各机械臂尽可能快地从当前位形运动至各自的目标位形，避免彼此之间发生碰撞。由于其他机械臂运动状态的不确定性，需要实时调整轨迹对此进行反应。由前述可知，单个机械臂的轨迹优化问题已经具有较高的计算复杂性，多个机械臂之间的耦合使问题更加复杂。

当有一系列任务需要完成时（如多个机械臂共同在墙壁上钻取上百个孔眼），还需要进行任务规划。任务规划对整体任务执行效率有重要影响。任务规划包含任务调度（确定任务执行顺序）和任务分配（将任务分配给机器人）。当系统中有较多机器人和任务时，该问题具有较高的组合复杂性。为了更好地优化效率，上层任务规划中需要更多地考虑底层机器人的运动轨迹，以避免碰撞和干涉，以及运动学与动力学约束等；但考虑这些因素会进一步增加计算复杂性，特别是涉及具有高自由度和复杂结构的机器人（如机械臂）。由于运动执行过程中存在很多不可预测的因素，离线任务规划无法满足需求，任务规划也须具备在线反应能力。

本书首先讨论单个机械臂的实时轨迹规划问题，主要关注动态外部环境下目标持续变化的关节空间点到点机械臂问题，建立基于非线性优化的轨迹规划族模型，并介绍基于非凸模型转化、学习优化、关节解耦的模型变换和求解算法，实现复杂的高维耦合非线性非凸轨迹优化问题的实时求解，以虚拟飞机座舱力触觉交互为例，介绍这些方法在实际问题中的应用。然后考虑多机械臂在共享空间中同时执行指定任务的多机械臂运动协调问题，介绍一种离线协调策略确定和在线轨迹重新规划解耦的运动协调方法，并介绍其中的多机械臂运动协调策略和轨迹重新规划方法，通过实时轨迹规划实现可拓展至大量机械臂的在线多机械臂运动协调。最后考虑多机械臂协同完成一系列任务的情况，介绍一种带有并行仿真预测技术的在线序列任务分配方法，建立嵌入多机械臂协调运动的可变效能的最优分配问题和分支定界算法，包括利用实时轨迹规划和运动协调方法进行分配效能评估。这些方法可提升机器人系统的自主性和智能性，使其具有对动态、不确定性因素进行实时响应的能力，并具备拓展至大规模机器人组和长序列任务的能力。

1.2 机械臂发展现状

1.2.1 机械臂轨迹规划研究现状

机械臂的轨迹规划，即根据任务要求，考虑机械臂的运动学和动力学因素，计算机械臂运动过程中在关节空间或笛卡儿空间的位移、速度或加速度。早期的关节空间点到点轨迹规划多为单纯的几何方法，如多项式插值[1-2]、B样条插值[3-4]等，不考虑机器人动力学和环境因素。一般情况下，这种方法可满足轨迹要求，使机械臂完成规定的任务，但无法保证轨迹的某些性能指标达到最优。因此，研究人员将时间、能量、功耗等指标作为优化目标，并满足相应的约束条件（如机械约束、时间约束、避免碰撞[5-7]等），建立基于非线性优化的轨迹规划方法。Stryk和Schlemmer[8]将时间、能量、功耗分别作为优化目标，使用多重打靶法或直接配置法进行求解。Chettibi等[9]综合考虑时间、能量、功耗，对其进行加权作为优化目标，使用序列二次规划（sequential quadratic programming，SQP）算法对其进行求解。Park[10]提出基于梯度的运动优化方法，讨论了其收敛性质，并采用B样条作为基本函数，利用梯度计算最小力矩、能量、负载和时间，在静态或动态环境中得到了最优解。Miossec等[11]以能量和功耗的加权作为优化目标，并考虑机械损耗和电机电阻损耗，基于非线性优化的轨迹规划方法找到了满足任务要求的最优轨迹，提高了工作效率。这些方法均为离线轨迹规划方法。

在人机交互应用中，要求机械臂对变化的环境和人的运动做出快速响应，因此需要进行实时轨迹规划。一些研究将最小时间作为目标函数，将机械限制作为约束条件，通过解析或数值方法快速求得了最优解[12-14]。但是，时间最优通常意味着机械臂在较大速度或加速度下运行，易造成损耗过快。在实际应用问题中，为了平衡多种性能指标，非线性优化问题往往比较复杂，计算量较大，很难实现在线求解，因此，对非线性优化问题的快速求解是一个难点问题。

一些研究者采用近似方法对复杂的非线性优化问题进行处理。Duleba[15]采用固定时间的方法求解优化问题的次优解，Tsai 等[16]将非凸优化问题近似为一个二次目标函数和线性约束条件的凸优化问题，但这些方法得到的都是近似解。还有一些研究者采用并行计算来提高计算速度。Bäuml 等[17]采用具有 32 核的分布式计算机进行并行计算。Liu 和 Tomizuka[18]设计了一种并行控制器，它由一个离线计算基本最优问题的基本控制器和一个在线处理非线性、非凸、时变安全约束的安全控制器组成。这些方法可以实现对非线性优化问题的实时计算，但是对硬件要求很高，尤其是当问题变得更加复杂时，硬件条件往往难以达到要求。

一种有前景的方法是对以前的轨迹数据进行学习，以减少在线计算时间。Lampariello 等[19]和 Werner 等[20]通过离线建立优化数据集和在线回归预测，实现非线性优化问题的实时求解，并对比多种机器学习方法、不同数据集大小对学习效果的影响，将其分别应用于飞行物体抓取问题和双足机器人行走问题上。但是该方法只局限于特定应用，不具有一般性，且只考虑了输入变量维度较低的情况。Jetchev 和 Toussaint[21]提出一种轨迹预测方法，利用以前的最优轨迹数据，加速新的轨迹生成。该方法考虑高维输入情况，并提出一种高维位置描述符号。Hauser[22]对该方法进行了扩展，考虑了更多一般性的非线性优化情况，提出一种一般性的学习全局最优（learning global optima，LGO）框架，并讨论了为保证解质量所需要的数据集大小。

用于学习的数据集，可以通过记录以前的运动数据得到[21-23]，也可以人工生成。Lampariello 等[19]在输入变量取值范围内进行均匀选取生成样本，并采用几组不同大小的数据进行实验，对结果进行对比。Hauser[22]在输入变量范围内对称、随机选取样本，并提出一种终身学习模式，在后台设有一线程不断生成新的样本；另外，还提出了数据集大小对输入变量维度的敏感性，讨论了高维情况下为保证解的质量对数据集提出的要求，并建立了数据集评价指标；此外，分析了数据集中噪声的影响。在输入变量维度较高的情况下，在其取值范围内随机或均匀选取变量生成样本或终身学习均需要耗费大量计算成本来生成数据集，因此，如何提高数据集生成效率是一个有待解决的关键问题。

另外，基于非线性优化的轨迹规划模型往往是非凸优化问题，易陷入局部最优解，通常通过多重初始值方法、启发式算法等进行求解，但解的精度往往无法保证，且计算量大。很多研究者结合机器学习方法求解非凸优化问题，Pan 和 Chen[24] 通过机器学习对给定的初始值进行分类[25]，判断其是否能收敛于全局最优解。但该方法更多关注解的可行性，对最优性要求不高。Lampariello 等[19]采用多重初始值方法求解全局最优值构建数据集。但数据集生成时间很长，且无法保证数据集中样本的计算精度。文献[21]中采用的数据集样本为局部最优。文献[22]中采用的数据集样本为全局最优，通过改进的随机重启法计算全局最优解，比朴素的随机重启法计算速度提高一个数量级；此外，讨论了为了保证解的性能对数据集及学习算法的要求。但是，该方法只能通过增加数据集中样本的密度及选取合适的学习算法来提高得到全局最优解的概率，无法保证得到精确的全局最优解。因此，精确、快速地求解非凸优化问题的全局最优解仍是一个难点问题。

1.2.2 多机械臂运动协调研究现状

运动协调是多机械臂协同中的一个关键问题，被广泛研究。现有的运动协调方法可分为集中式和解耦式两类[26]。

集中式运动协调方法将所有机器人视为一个整体，构建高维复合运动规划空间，并在该空间中搜索全局最优解[27-28]。这些方法通常可以保证求解的空间完整性和最优性等全局性能，但计算复杂性很高，且会随着自由度及机器人数量的增加呈指数增长。高效的迭代求解算法可以提高求解速度，但仍无法满足在线计算（通常要求在 10ms 以内完成计算）。因此，集中式方法更适用于相对可预测的场景，不适用于具有较多不确定、不可预测的突发事件的环境。Shome 等[29]提出了一种基于采样的集中式多机械臂协同运动规划方法，与很多已有的集中方法相比，具有较高的计算效率，能够扩展到包含大量机械臂的系统；然而，该方法侧重于寻找避免与静态环境碰撞的几何路径，而不是在线生成可执行轨迹。Mirrazavi Salehian 等[30]提出了一种基于学习的集中式多机械臂协调运动规划方法，将问题建立为二次规划模型，并通过数据驱动学习方法进行实时求解，可在几毫秒内完成求解，并在跟踪运动物体的演示场景中进行验证；然而，学习结果仅对有限和固定的场景设定有效，当场景布局（如机器人间距离）发生变化时，需要重新学习。此外，该方法仅在双臂系统中进行验证，拓展至多个机械臂时的性能不明确。

解耦式运动协调方法通常首先独立规划每个机器人的路径，然后协同调整多机器人的运动速度以避免相互碰撞。这些方法损失了求解的完整性和最优性，但大幅降低了计算的复杂性。一种常见的方法是将运动规划问题分解为路径规划和轨迹规划两个子问题[31]——首先规划一条与环境无碰撞的路径，然后调整沿这条路径的速度以避免与其他机器人发生碰撞。研究者提出了延迟运动开始时间[32]、重新规划运动速度[33-34]和重新规划路径[35-36]等策略来避免碰撞[26]，但这些方法中的求解过程仍为离线计算，没有考虑在线意外事件。

为了提高机器人系统对动态、不确定性情况的反应能力，有研究者开发了根据当前环境和机器人实际运动状态对预先规划轨迹进行局部调整的方法。这些方法可以应对意外情况，但不可避免地损失了全局的可行性和最优性，有时可能无法找到使机器人达到最终目标位置的可行解，或导致运动效率降低。O'Donnell 和 Lozano-Pérez[37]提出了一种双机器人运动协调方法，其中包括避免死锁的方法，该方法后来被扩展至处理更复杂任务的调度和规划方法中[38-40]。这些工作侧重于上层任务分配策略，而非生成满足运动学可行性的底层可执行运动轨迹。Beuke 等[41]提出了一种反应式协调算法，可以同步进行规划和运动执行，并能够对规划运动进行修正来适应新的指令；但是，它无法对运动规划进行立即更新，需要首先完成已经开始执行的轨迹片段。上述方法也均局限于双机器人系统。Montaño 和 Suárez[42]提出了一种在线运动协调方法，无须提前计划整体路径，而是在线确定下一步运动。该方法比较灵活，适用于非重复性任务；但它牺牲了求解的完整性——有些情况下无法找到可行解（尽管可行解存在），并且机器人有时会反方向运动，降低了运动效率。该方法适用于两个以上的机器人，但计算成本会随着机器人数量的增加呈指数增长。

虽然解耦方法在机器人数量增长时具有更好的可拓展性，但现有方法很少在具有大量机械臂的场景中验证（在文献[33]、[36]～[39]、[41]～[45]中对包含至多 2 个真实机器人和至多 4 个模拟机器人的系统中进行测试）。

在移动机器人和飞行机器人领域，一些研究将运动规划问题分解为规划层和执行层，可为全局最优性提供一定保证，并可拓展至较大规模的机器人系统[46-47]。Pecora 等[48]提出了一种协调策略，能够根据局部信息在线调整运动，同时保证全局运动学的可行性和安全性，并在包含多个移动机器人的系统中进行了验证。该方法的实现利用了轨迹包络（trajectory envelopes）和关键区域（critical sections）的概念，表示一对机器人的轨迹可能发生干涉的区域。为了将该方法扩展到串联机器人/机械臂，需要解决关键区域类推与一般化、实时生成运动学可行的轨迹等问题。

1.2.3 多机械臂任务分配研究现状

多机器人任务规划问题包括多种类型。Gerkey 和 Matarić[49]提出了一种分类方法，按照单任务机器人（ST）/多任务机器人（MT）、单机器人任务（SR）/多机器人任务（MR）、单步分配（IA）/多步分配（TA）三个维度归纳。Korsah 等[50]进一步增加一个新的维度：机器人—任务依赖性，包括无依赖（ND）、任务内依赖（ID）、任务间依赖（XD）、复杂依赖（CD）。本书重点解决 ST-SR-TA-XD 类型任务分配问题，即每个机器人仅可同时执行一个任务，每个任务需要一个机器人完成，须为每个机器人找到一个序列任务分配，机器人—任务效能取决于该机器人及系统中其他机器人的任务安排。

ST-SR-TA 任务分配问题须确定每个机器人的任务序列，使多个机器人协同完成一系列任务，并优化整体任务完成效率[51]。一个常用方法是将该问题建立为多旅行商问题（multiple traveling salesman problem，MTSP），为每个机器人寻找一个路线，使多个机器人共同访问一系列目标点，每个目标点被访问一次，最小化整体成本[52-53]。该问题为强 NP 难（strongly NP-hard）问题[54]，该方法通常不考虑执行层的问题，如运动学约束、共享工作空间中的碰撞避免等[55]，因此难以适用于 XD 问题。需要解决的问题中还存在任务可能无法完全提前预知、执行过程中存在不确定性因素等问题，使 MTSP 这类离线方法无法实现。

另一种解决 ST-SR-TA 问题的方法是将其近似为一系列 ST-SR-IA 问题,依次建立和求解每个 IA 问题[56-57]。每个 ST-SR-IA 问题建立为一个最优分配问题(optimal assignment problem,OAP),寻找一组机器人和一组任务之间的分配关系,优化目标函数。OAP 有多种变式,来应对不同情况[58]。例如,针对 XD 问题,可建立带有附加约束的 OAP(OAP with side constraints)[59],增加优先级约束;提出拍卖算法解决分布式问题[60-61]。

一些研究者通过在目标函数中加入惩罚项,惩罚不同机器人同时运动中的干涉[62-64],但这些方法多针对 IA 问题。一些研究通过将 TA 问题划分为在一些时刻同步进行的 IA 问题,将 IA 问题中的方法应用至 TA 问题,但会导致一些机器人存在大量空闲时间,效率较低。而且,在这些方法中,多考虑低维位形空间中的干涉。文献[38]、[39]同时考虑了高维位形空间协调运动规划与任务规划,但每个机器人的任务序列如何确定,以及机器人和任务之间如何分配没有详细说明,且仅在双机器人系统进行了验证。

1.3　本书主要内容

本书的主要内容与结构如下。

第 1 章,绪论。介绍机械臂实时规划技术的基本概念、研究背景及意义,国内外相关研究现状,以及本书的主要内容。

第 2 章,考虑机械臂关节空间点到点轨迹规划问题,建立基于梯形速度曲线的轨迹模型、基于非线性优化的轨迹规划模型,以及实时轨迹规划族模型,为后续的轨迹规划模型转化和实时求解提供基础。

第 3 章,介绍一种基于变量代换的非凸轨迹优化模型转化方法,得到具有唯一局部最优解的轨迹优化模型,为快速、精确地求取全局最优解奠定基础。

第 4 章,介绍一种基于学习优化的轨迹规划实时求解框架,包括学习优化性能指标、针对高维输入的降维映射数据集生成方法,以及针对多维输出的多元多重回归方法,提升轨迹优化问题的求解效率。

　　第 5 章，介绍一种基于关节解耦的轨迹优化问题近似求解方法，进一步提高非线性轨迹优化问题的求解速度，且适用于关节数目改变及部分关节失效的情况。

　　第 6 章，介绍第 2～5 章介绍的机械臂实时轨迹规划方法应用的具体实例——一种基于机械臂及其实时轨迹规划的虚拟飞机座舱力触觉交互系统，并建立实验平台进行力触觉交互实验，验证前述实时轨迹规划方法的有效性。

　　第 7 章，在实时轨迹规划的基础上，介绍一种在线、机器人数量可拓展的共享空间多机械臂运动协调方法，包括高维自由度串联机器人的碰撞区域表示方法、运动协调策略和轨迹重新规划方法，实现可实时应对意外情况、可拓展至大规模机械臂组的多机械臂协调运动。

　　第 8 章，在基于实时轨迹规划的多机械臂运动协调基础上，进一步考虑长期任务，介绍一种多机械臂任务分配方法，包括带有并行仿真预测技术的在线序列任务分配结构，以及嵌入底层协调运动的可变效能最优分配问题和分支定界算法，实现任务执行时间不确定情况下几乎没有空闲时间的连续高效任务分配。

参 考 文 献

[1] Chand S, Doty K L. On-line polynomial trajectories for robot manipulators[J]. The International Journal of Robotics Research, 1985, 4(2): 38-48.

[2] Kim K W, Kim H S, Choi Y K, et al. Optimization of cubic polynomial joint trajectories and sliding mode controllers for robots using evolution strategy[C]. Industrial Electronics, Control and Instrumentation, 1997. IECON 97. 23rd International Conference on. IEEE, 1997, 3: 1444-1447.

[3] Lampariello R, Hirzinger G. Generating feasible trajectories for autonomous on-orbit grasping of spinning debris in a useful time[C]. Intelligent Robots and Systems(IROS), 2013 IEEE/RSJ International Conference on. IEEE, 2013: 5652-5659.

[4] 刘湘琪, 蒙臻, 倪敏, 等. 三自由度液压伺服机械手轨迹优化[J]. 浙江大学学报(工学版), 2015(9): 1776-1782.

[5] Khatib O. Real-time obstacle avoidance for manipulators and mobile robots[M]//Cox I J, Wilfong G T. Autonomous robot vehicles. New York: Springer, 1986: 396-404.

[6] Schulman J, Ho J, Lee A X, et al. Finding Locally Optimal, Collision-Free Trajectories with Sequential Convex Optimization[C]. Robotics: science and systems, 2013, 9(1): 1-10.

[7] Schulman J, Duan Y, Ho J, et al. Motion planning with sequential convex optimization and convex collision checking[J]. The International Journal of Robotics Research, 2014, 33(9): 1251-1270.

[8] Stryk O, Schlemmer M. Optimal control of the industrial robot Manutec r3[M]//Bulirsch R, Kraft D. Computational optimal control. Birkhäuser Basel, 1994: 367-382.

[9] Chettibi T, Lehtihet H E, Haddad M, et al. Minimum cost trajectory planning for industrial robots[J]. European Journal of Mechanics-A/Solids, 2004, 23(4): 703-715.

[10] Park J K. Convergence properties of gradient-based numerical motion-optimizations for manipulator arms amid static or moving obstacles[J]. Robotica, 2004, 22(6): 649-659.

[11] Miossec S, Yokoi K, Kheddar A. Development of a software for motion optimization of robots-application to the kick motion of the hrp-2 robot[C]//2006 IEEE International Conference on Robotics and Biomimetics, Kunming, 2006: 299-304.

[12] Macfarlane S, Croft E A. Jerk-bounded manipulator trajectory planning: design for real-time applications[J]. IEEE Transactions on Robotics and Automation, 2003, 19(1): 42-52.

[13] Haschke R, Weitnauer E, Ritter H. On-line planning of time-optimal, jerk-limited trajectories[C]//Intelligent Robots and Systems, 2008. IROS 2008. IEEE/RSJ International Conference on. IEEE, 2008: 3248-3253.

[14] Kröger T, Wahl F M. Online trajectory generation: Basic concepts for instantaneous reactions to unforeseen events[J]. IEEE Transactions on Robotics, 2010, 26(1): 94-111.

[15] Duleba I. Minimum cost, fixed time trajectory planning in robot manipulators. A suboptimal solution[J]. Robotica, 1997, 15(5): 555-562.

[16] Tsai C S, Hu J S, Tomizuka M. Ensuring safety in human-robot coexistence environment[C]//2014 IEEE/RSJ International Conference on Intelligent Robots and Systems, Chicago, 2014: 4191-4196.

[17] Bäuml B, Wimböck T, Hirzinger G. Kinematically optimal catching a flying ball with a hand-arm-system[C]//2010 IEEE/RSJ International Conference on Intelligent Robots and Systems, Taipei, 2010: 2592-2599.

[18] Liu C L, Tomizuka M. Algorithmic safety measures for intelligent industrial co-robots[C]//2016 IEEE International Conference on Robotics and Automation (ICRA), Stockholm, 2016: 3095-3102.

[19] Lampariello R, Nguyen-Tuong D, Castellini C, et al. Trajectory planning for optimal robot catching in real-time[C]//2011 IEEE International Conference on Robotics and Automation, Shanghai, 2011: 3719-3726.

[20] Werner A, Trautmann D, Lee D, et al. Generalization of optimal motion trajectories for bipedal walking[C]//2015 IEEE/RSJ International Conference on Intelligent Robots and Systems (IROS), Hamburg, 2015: 1571-1577.

[21] Jetchev N, Toussaint M. Fast motion planning from experience: trajectory prediction for speeding up movement generation[J]. Autonomous Robots, 2013, 34(1-2): 111-127.

[22] Hauser K. Learning the problem-optimum map: Analysis and application to global optimization in robotics[J]. IEEE Transactions on Robotics, 2017, 33(1): 141-152.

[23] Ude A, Gams A, Asfour T, et al. Task-specific generalization of discrete and periodic dynamic movement primitives[J]. IEEE Transactions on Robotics, 2010, 26(5): 800-815.

[24] Pan J, Chen Z, Abbeel P. Predicting initialization effectiveness for trajectory optimization[C]//2014 IEEE International Conference on Robotics and Automation (ICRA), Hong Kong, 2014: 5183-5190.

[25] Cassioli A, Di Lorenzo D, Locatelli M, et al. Machine learning for global optimization[J]. Computational Optimization and Applications, 2012, 51(1): 279-303.

[26] Todt E, Rausch G, Suárez R. Analysis and classification of multiple robot coordination methods[C]//Proceedings 2000 ICRA. Millennium Conference. IEEE International Conference on Robotics and Automation. Symposia Proceedings(Cat. No. 00CH37065): vol. 4, 2000: 3158-3163.

[27] Fortune S, Wilfong G, Yap C. Coordinated motion of two robot arms[C]//Proceedings. 1986 IEEE International Conference on Robotics and Automation: vol. 3, 1986: 1216-1223.

[28] Shome R. Roadmaps for robot motion planning with groups of robots[J]. Current Robotics Reports, 2021, 2(1): 85-94.

[29] Shome R, Solovey K, Dobson A, et al. dRRT*: Scalable and informed asymptotically-optimal multi-robot motion planning[J]. Autonomous Robots, 2020, 44(3): 443-467.

[30] Mirrazavi Salehian S S, Figueroa N, Billard A. A unified framework for coordinated multi-arm motion planning[J]. International Journal of Robotics Research, 2018, 37(10): 1205-1232.

[31] Kant K, Zucker S W. Toward efficient trajectory planning: The path-velocity decomposition[J]. The International Journal of Robotics Research, 1986, 5(3): 72-89.

[32] Afaghani A Y, Aiyama Y. On-line collision detection of n-robot industrial manipulators using advanced collision map[C]//2015 International Conference on Advanced Robotics(ICAR), 2015: 422-427.

[33] Sundström N, Wigström O, Lennartson B. Robust and energy efficient trajectories for robots in a common workspace setting[J]. IISE Transactions, 2019, 51(7): 766-776.

[34] Spensieri D, Åblad E, Bohlin R, et al. Modeling and optimization of implementation aspects in industrial robot coordination[J]. Robotics and Computer-Integrated Manufacturing, 2021, 69: 102097.

[35] Cheng X. On-line collision-free path planning for service and assembly tasks by a two-arm robot[C]//Proceedings of 1995 IEEE International Conference on Robotics and Automation: vol. 2. 1995: 1523-1528.

[36] Chiddarwar S S, Babu N R. Conflict free coordinated path planning for multiple robots using a dynamic path modification sequence[J]. Robotics and Autonomous Systems, 2011, 59(7-8): 508-518.

[37] O'Donnell P A, Lozano-Pérez T. Deadlock-free and collision-free coordination of two robot manipulators. [C]//Proceedings, 1989 International Conference on Robotics and Automation, Scottsdale, 1989: 484-489.

[38] Kimmel A, Bekris K E. Scheduling pick-and-place tasks for dual-arm manipulators using incremental search on coordination diagrams[C]//ICAPS workshop on planning and robotics(PlanRob), 2016.

[39] Behrens J K, Stepanova K, Babuska R. Simultaneous task allocation and motion scheduling for complex tasks executed by multiple robots[C]//2020 IEEE International Conference on Robotics and Automation(ICRA), 2020: 11443-11449.

[40] Behrens J K, Lange R, Mansouri M. A constraint programming approach to simultaneous task allocation and motion scheduling for industrial dual-arm manipulation tasks[C]//2019 International Conference on Robotics and Automation(ICRA), 2019: 8705-8711.

[41] Beuke F, Alatartsev S, Jessen S, et al. Responsive and reactive dual-arm robot coordination[C]//2018 IEEE International Conference on Robotics and Automation (ICRA), Brisbane, 2018: 316-322.

[42] Montaño A, Suárez R. Coordination of several robots based on temporal synchronization[J]. Robotics and Computer-Integrated Manufacturing, 2016, 42: 73-85.

[43] Shin K, Zheng Q. Minimum time trajectory planning for dual robot systems[C]//Proceedings of the 28th IEEE Conference on Decision and Control, 1989: 2506-2511.

[44] Chen Y, Li L. Collision-free trajectory planning for dual-robot systems using B-splines[J]. International Journal of Advanced Robotic Systems, 2017, 14(4): 1729881417728021.

[45] Touzani H, Seguy N, Hadj-Abdelkader H, et al. Efficient Industrial Solution for Robotic Task Sequencing Problem With Mutual Collision Avoidance & Cycle Time Optimization[J]. IEEE Robotics and Automation Letters, 2022, 7(2): 2597-2604.

[46] Čáp M, Novák P, Kleiner A, et al. Prioritized planning algorithms for trajectory coordination of multiple mobile robots[J]. IEEE transactions on automation science and engineering, 2015, 12(3): 835-849.

[47] Mannucci A, Pallottino L, Pecora F. On provably safe and live multirobot coordination with online goal posting[J]. IEEE Transactions on Robotics, 2021, 37(6): 1973-1991.

[48] Pecora F, Andreasson H, Mansouri M, et al. A loosely-coupled approach for multi-robot coordination, motion planning and control[C]//Twenty-eighth international conference on automated planning and scheduling. Palo Alto, 2018, 539.

[49] Gerkey B P, Matarić M J. A formal analysis and taxonomy of task allocation in multi-robot systems[J]. The International journal of robotics research, 2004, 23(9): 939-954.

[50] Korsah G A, Stentz A, Dias M B. A comprehensive taxonomy for multi-robot task allocation[J]. The International Journal of Robotics Research, 2013, 32(12): 1495-1512.

[51] Alatartsev S, Stellmacher S, Ortmeier F. Robotic task sequencing problem: A survey[J]. Journal of intelligent & robotic systems, 2015, 80(2): 279-298.

[52] Trigui S, Cheikhrouhou O, Koubaa A, et al. FL-MTSP: a fuzzy logic approach to solve the multi-objective multiple traveling salesman problem for multi-robot systems[J]. Soft Computing, 2017, 21(24): 7351-7362.

[53] Bektas T. The multiple traveling salesman problem: an overview of formulations and solution procedures[J]. Omega, 2006, 34(3): 209-219.

[54] Bernhard K, Vygen J. Combinatorial optimization: Theory and algorithms[M]. 3rd ed. Berlin: Springer, 2005.

[55] Cheikhrouhou O, Khoufi I. A comprehensive survey on the Multiple Traveling Salesman Problem: Applications, approaches and taxonomy[J]. Computer Science Review, 2021, 40: 100369.

[56] Werger B B, Matarić M J. Broadcast of local eligibility for multi-target observation[M]//Parker L E, Bekey G, Barhen J. Distributed Autonomous Robotic Systems 4. Springer, 2000: 347-356.

[57] Gerkey B P, Mataric M J. Sold: Auction methods for multirobot coordination[J]. IEEE transactions on robotics and automation, 2002, 18(5): 758-768.

[58] Pentico D W. Assignment problems: A golden anniversary survey[J]. European Journal of Operational Research, 2007, 176(2): 774-793.

[59] Mazzola J B, Neebe A W. Resource-constrained assignment scheduling[J]. Operations Research, 1986, 34(4): 560-572.

[60] Bertsekas D P. The auction algorithm: A distributed relaxation method for the assignment problem[J]. Annals of operations research, 1988, 14(1): 105-123.

[61] Choi H L, Brunet L, How J P. Consensus-based decentralized auctions for robust task allocation[J]. IEEE transactions on robotics, 2009, 25(4): 912-926.

[62] Nam C, Shell D A. Assignment algorithms for modeling resource contention in multirobot task allocation[J]. IEEE Transactions on Automation Science and Engineering, 2015, 12(3): 889-900.

[63] Farinelli A, Zanotto E, Pagello E, et al. Advanced approaches for multi-robot coordination in logistic scenarios[J]. Robotics and Autonomous Systems, 2017, 90: 34-44.

[64] Forte P, Mannucci A, Andreasson H, et al. Online Task Assignment and Coordination in Multi-Robot Fleets[J]. IEEE Robotics and Automation Letters, 2021, 6(3): 4584-4591.

第 2 章　实时轨迹规划族模型

机械臂的轨迹规划，即根据任务要求，考虑机械臂的运动学和动力学约束，生成机械臂在位形空间的位置、速度或加速度的参考时间函数，是实现机械臂运动的基础。本章建立关节空间轨迹模型、点到点轨迹规划模型，以及实时轨迹规划族模型，为后续轨迹规划问题的模型转化、实时求解及实际应用提供基础。

2.1　轨迹模型

轨迹模型是表示关节变量随时间变化的表达式，常用模型包括梯形速度曲线（trapezoidal velocity profile，TVP）、三次多项式、五次多项式、S 形曲线等[1]。本章主要采用梯形速度曲线作为参数化轨迹，对每个关节建立轨迹模型。梯形速度曲线是一种二阶轨迹表达式，其独立参数较少且具有直观的运动学意义，可快速进行解析计算，适合对快速性和实时性要求较高的情况。而且，在恒定的速度和加速度限制下，TVP 可实现最快的运动。

梯形速度曲线包含三个阶段：匀加速运动阶段（$0 \sim t_1$），匀速运动阶段（$t_1 \sim t_2$），匀减速运动阶段（$t_2 \sim t_f$）。匀加速和匀减速运动阶段具有相同的加速度 a。匀速运动阶段速度为 ω_m。对每个关节，已知关节位移为 $q_f = q_c - q_0$（q_0 为初始关节位置，q_c 为目标关节位置），初始速度为 ω_0。梯形速度曲线包含 5 个变量，分别为 a、ω_m、t_1、t_2 和 t_f，它们之间的关系由如下 3 个等式确定：

$$\frac{1}{2}\omega_m\left(t_f + t_2 - t_1\right) + \frac{1}{2}\omega_0 t_1 = q_f \tag{2.1}$$

$$\omega_m = \omega_0 + at_1 \tag{2.2}$$

$$\left(\omega_m - \omega_0\right)\left(t_f - t_2\right) = t_1\omega_m \tag{2.3}$$

定义：

$$\hat{r}\left(t, t_1, t_2\right) = r\left(t_1 - t\right) - r\left(t - t_2\right) \tag{2.4}$$

其中，$r(t)$ 为阶跃函数：

$$r(t) = \begin{cases} 1, & t \geqslant 0 \\ 0, & t < 0 \end{cases} \tag{2.5}$$

则每个关节的轨迹曲线（加速度、速度、位置）可表示为

$$\ddot{q}(t) = a\hat{r}\left(t, t_1, t_2\right) \tag{2.6}$$

$$\dot{q}(t) = \omega_0 + a\hat{r}\left(t, t_1, t_2\right)t \tag{2.7}$$

$$q(t) = q_0 + \omega_0 t + \frac{1}{2}a\hat{r}\left(t, t_1, t_2\right)t^2 \tag{2.8}$$

本模型仅考虑 $q_f > 0$ 的情况，ω_0 可以为正、负或等于零，如图 2.1 所示。当 $q_f < 0$ 时，同样可以使用本模型来计算参数，只需相应改变 q_f、ω_0 和 ω_m 的符号即可。

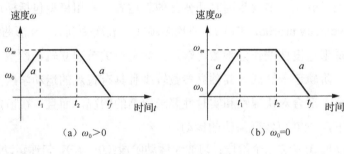

（a）$\omega_0 > 0$ （b）$\omega_0 = 0$

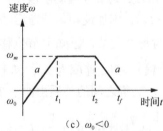

（c）$\omega_0 < 0$

图 2.1　梯形速度曲线

2.2　机械臂轨迹规划

2.2.1　关节空间点到点轨迹规划

本节考虑关节空间的轨迹规划，对具有 N_J 个自由度的机械臂，对 N_J 个关节（即 N_J 个自由度）分别进行轨迹建模，使 N_J 个关节同时到达目标位置。因为控制器在关节空间驱动机械臂运动，所以关节空间轨迹规划有如下优点：

（1）在关节空间进行计算可避免过多的运动学反解，降低计算量；

（2）便于对机械臂的运动学特性（如关节位置、速度、加速度等）进行约束；

（3）可避免机构的奇异性问题。

考虑机械臂关节空间点到点轨迹规划，运动轨迹由参数 $C \in \mathbb{R}^{N_C}$ 确定，关节位置、速度和加速度分别记作 $q(C,t) \in \mathbb{R}^{N_J}$，$\dot{q}(C,t) \in \mathbb{R}^{N_J}$ 和 $\ddot{q}(C,t) \in \mathbb{R}^{N_J}$，其中 N_c 为参数 C 的维度，$t \in \mathbb{R}$ 表示时间，N_J 为机械臂的自由度。记输入变量为 $X \in \mathbb{R}^{N_X}$（N_X 为 X 的维度），包括机械臂初始位形、最终位形、初始速度和环境变量等，轨迹参数由输入变量确定。轨迹规划问题即为求解输入变量 X 到轨迹参数 C 的映射：

$$X \to C = f_{\text{traj}}(X) \tag{2.9}$$

2.2.2　基于非线性优化的轨迹规划模型

为了提高机械臂的运行效率，使某些性能指标达到最优，采用基于非线性优化的方法进行轨迹规划[2-3]，将机械臂的功耗、运行时间等参数作为优化指标，选定目标函数 $F(C)$，并考虑机械臂的机械限制、运行时间限制和与任务相关的约束，计算最优轨迹参数 C_{opt}，使 $F(C)$ 最小，并满足相关约束条件。优化问题由 X 确定：

$$X \to C_{\text{opt}} = \min_C F_X(C)$$
$$\text{s.t.}\quad C \in \mathbb{R}^{N_C}$$

$$\begin{cases} {}^{i}H_{X}(\boldsymbol{C}) = 0, & i = 1, 2, \cdots, N_h \\ {}^{i}G_{X}(\boldsymbol{C}) \leqslant 0, & i = 1, 2, \cdots, N_g \end{cases} \tag{2.10}$$

记作：

$$\boldsymbol{X} \to \boldsymbol{C}_{\mathrm{opt}} = O(\boldsymbol{X}) \tag{2.11}$$

其中，H 和 G 分别表示等式约束与不等式约束；N_h 和 N_g 分别表示等式约束和不等式约束的数目。

下面基于梯形速度曲线，建立具体的输入变量、优化参数、目标函数和约束条件。

1. 输入变量与优化参数

点到点轨迹规划问题由机械臂初始位形 $\boldsymbol{q}_0 \in \mathbb{R}^{N_J}$、初始速度 $\boldsymbol{\omega}_0 \in \mathbb{R}^{N_J}$ 和目标位形 $\boldsymbol{q}_c \in \mathbb{R}^{N_J}$ 确定。机械臂最终速度均为 0，表示当机械臂在目标位形停止运动。运动学规划仅与关节位移 $\boldsymbol{q}_f = \boldsymbol{q}_c - \boldsymbol{q}_0$ 有关，而与具体的 $\boldsymbol{q}_c$ 和 $\boldsymbol{q}_0$ 无关。因此，选取输入状态为 $\boldsymbol{X} = (\boldsymbol{q}_f, \boldsymbol{\omega}_0) \in \mathbb{R}^{2N_J}$。

由 "2.1　轨迹模型" 可知，每个关节有 5 个轨迹参数。对第 j 个关节，轨迹参数可表示为 a^j、ω_m^j、t_1^j、t_2^j 和 t_f^j。其中，各关节同步运行，具有相同的运行时间：

$$t_f^1 = t_f^2 = \cdots = t_f^{N_J} = t_f \tag{2.12}$$

每个关节的 5 个轨迹参数由 3 个等式约束 [式（2.1）～式（2.3）] 连接。为了构建优化问题模型，需要在 5 个变量中选取若干个变量（不少于 2 个）作为优化参数，其他变量可通过等式约束确定。选取不同的优化参数和约束条件所构建的非线性优化问题具有不同的性质，其求解难度也不同。具体优化参数选取方法将在第 3 章中分析。

2. 目标函数

（1）加速度最小。为提高人机交互安全性，希望机械臂运行比较柔和，使其加速度尽量小，优化目标选为

$$F(\boldsymbol{C}) = \sum_{j=1}^{N_J} \left(\frac{a^j}{a_{\max}^j} \right)^2 \tag{2.13}$$

其中，$a_{\max}{}^j$ 为第 j 个关节的最大允许加速度。

（2）时间最短。为了提高工作效率，使机械臂尽快到达目标位置，尽量缩短运行时间，选取优化目标为

$$F\left(\boldsymbol{C}\right)=t_f \tag{2.14}$$

（3）综合考虑加速度和时间。由仿真结果可以看出，上述两种性能指标之间存在矛盾。加速度较小时，为在 t_f 时间内达到目标位置，选取 t_f 往往较大，即总运行时间较长。反之，在时间最短模式下，往往以最大加速度运行，安全性降低。

因此，为了在安全性和快速性之间寻求平衡，将加速度和运行时间进行加权：

$$F\left(\boldsymbol{C}\right)=\frac{(1-\alpha)}{N_J}\sum_{j=1}^{N_J}\left(\frac{a^j}{a_{\max}{}^j}\right)^2+\alpha\left(\frac{t_f}{t_{\max}}\right)^2 \tag{2.15}$$

其中，$t_{\max}$ 为允许的最大运行时间；α 为加权系数，表示优化问题中各项所占的比重，且满足

$$\alpha \geqslant 0 \tag{2.16}$$

当 $\alpha=1$ 时，即为时间最短模式；当 $\alpha=0$ 时，即为加速度最小模式。

3. 约束条件

由梯形速度曲线可得到等式约束：

$$\frac{1}{2}\omega_m{}^j\left(t_f+t_2{}^j-t_1{}^j\right)+\frac{1}{2}\omega_0{}^jt_1{}^j=q_f{}^j \tag{2.17}$$

$$\omega_m{}^j=\omega_0{}^j+a^jt_1{}^j \tag{2.18}$$

$$\left(\omega_m{}^j-\omega_0{}^j\right)\left(t_f-t_2{}^j\right)=\omega_m{}^jt_2{}^j \tag{2.19}$$

根据机械限制、梯形曲线规则及具体应用要求，变量的取值范围分别为

$$0\leqslant a^j\leqslant a_{\max}{}^j \tag{2.20}$$

$$\max\left(0,\omega_0{}^j\right)\leqslant\omega_m{}^j\leqslant\omega_{\max}{}^j \tag{2.21}$$

$$0\leqslant t_1{}^j\leqslant t_2{}^j \tag{2.22}$$

$$t_1{}^j\leqslant t_2{}^j\leqslant t_f \tag{2.23}$$

$$0<t_f\leqslant t_{\max} \tag{2.24}$$

式（2.22）和式（2.23）可简化为

$$t_1^{\,j} \leqslant t_2^{\,j} \tag{2.25}$$

等价于

$$2\omega_m^{\,j} - \omega_0^{\,j} - a^j t_f \leqslant 0 \tag{2.26}$$

推导过程如下：

由式（2.17）～式（2.19）可得到

$$t_1^{\,j} = \frac{\omega_m^{\,j} - \omega_0^{\,j}}{a^j} \tag{2.27}$$

$$t_2^{\,j} = t_f - \frac{\omega_m^{\,j}}{a^j} \tag{2.28}$$

根据式（2.21），有

$$t_1^{\,j} \geqslant 0 \tag{2.29}$$

$$t_2^{\,j} \leqslant t_f \tag{2.30}$$

恒成立。

将式（2.27）和式（2.28）代入式（2.25），可得到式（2.26）。

2.3　实时轨迹规划族

在人机交互等环境和外界因素不断进行难以预知的动态变化的应用中，机械臂需要对此进行迅速响应，因此，需要不断对 X 进行更新，然后重新进行轨迹规划。在第 i 个更新周期，系统根据环境因素、人的运动与机械臂当前的运行状态，得到新的输入变量 ^iX，据此重新进行轨迹规划，得到轨迹参数 ^iC，直到机械臂到达最终的目标位形。如图 2.2 所示（黑色圆点表示每个周期的初始位置，三角形表示每个周期的目标位置，虚线表示每个周期计算得到的轨迹，实线表示整个过程中的实际运行轨迹），整个过程的运动轨迹为

$$\{q(^iC,t),t\in[(i-1)T_p,iT_p],\ i=1,2,\cdots,N_T\} \tag{2.31}$$

其中，T_p 为更新周期；N_T 为整个过程的总周期数。

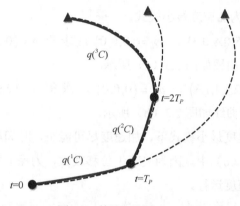

图 2.2　轨迹规划族

上述过程由一系列点到点轨迹规划问题组成，每个周期的轨迹规划问题由随机变量（如环境变量、人的运动）与机械臂当前运动状态决定。其中，第 i 个周期的轨迹规划可表示为

$$^i\boldsymbol{X} \to {}^i\boldsymbol{C} = f_{\text{traj}}\left({}^i\boldsymbol{X}\right) \tag{2.32}$$

其中，$^i\boldsymbol{X}$ 由当前环境、人的运动及上个周期的轨迹参数 $^{i-1}\boldsymbol{C}$ 共同确定。将整个过程中的一系列点到点轨迹规划的集合称为轨迹规划族，表示为

$$f_{\text{traj}} = \left\{ f_{\text{traj}}\left({}^i\boldsymbol{X}\right), \ i = 1, 2, \cdots, N_T \right\} \tag{2.33}$$

为了保证机械臂对动态环境和人的行为进行响应的速度和精度，T_p 往往较小（一般在 10ms 以内）。因此，为了保证人机交互实时性，要求每个周期的点到点轨迹规划计算时间小于 T_p，对轨迹的求解速度也有较高的要求。

2.4　算　　例

在 MATLAB 软件中进行仿真，分别采用"2.2.2　基于非线性优化的轨迹规划模型"中所述的三种目标函数，得到运动学优化运动曲线。

（1）加速度最小模式。

取 $\alpha = 0$ ，即为加速度最小模式。

选取 $\boldsymbol{q}_f = (0.5, 0.4, 0.3)$ ， $\boldsymbol{\omega}_0 = (0, 0, 0)$ ，求得 $\boldsymbol{a} = (0.2222, 0.1778, 0.1333)$ ， $t_f = 3.0000$ ，速度曲线如图 2.3（a）所示。

选取 $\boldsymbol{q}_f = (4.2, 1.1, 1.3)$ ， $\boldsymbol{\omega}_0 = (0, 0, 0)$ ，求得 $\boldsymbol{a} = (2.9068, 0.4894, 0.5778)$ ， $t_f = 3.0000$ ，速度曲线如图 2.3（b）所示。

注意，在加速度最小模式下，加速度尽可能小，时间尽可能长，运行时间达到了上限。图 2.3（b）中，因为关节 1 位移较大，为保证较小的加速度，有较长一段时间以最大速度运行。

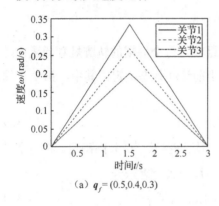
（a） $\boldsymbol{q}_f = (0.5, 0.4, 0.3)$

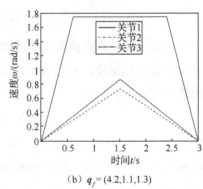
（b） $\boldsymbol{q}_f = (4.2, 1.1, 1.3)$

图 2.3　加速度最小模式下速度曲线

（2）时间最短模式。

取 $\alpha = 1$ ，即为时间最短模式。

选取 $\boldsymbol{q}_f = (0.5, 0.4, 0.3)$ ， $\boldsymbol{\omega}_0 = (0, 0, 0)$ ，求得 $\boldsymbol{a} = (15.0000, 10.1196, 15.0000)$ ， $t_f = 0.4024$ ，速度曲线如图 2.4 所示。

可以看出，在该模式下，为保证时间最短，加速度较大，且关节 1 和关节 2 均达到了最大速度。

（3）综合考虑加速度和时间。

分别取 $\boldsymbol{q}_f = (0.5, 0.4, 0.3)$ ， $\boldsymbol{\omega}_0 = (0, 0, 0)$ 和 $\boldsymbol{q}_f = (4.2, 1.1, 1.3)$ ， $\boldsymbol{\omega}_0 = (0, 0, 0)$ ，改变 α 的值，轨迹规划结果分别如表 2.1 和表 2.2 所示。可以看出，随着 α 的增加，

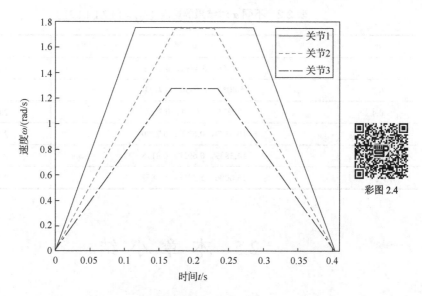

图 2.4　时间最短模式下速度曲线

加速度越来越大，时间越来越短。对比表 2.1 与表 2.2，第二组比第一组关节 2 和关节 3 位移大，但加速度更小，是因为第二组关节 1 位移较大导致运行时间较大，因为 3 个关节同时到达目标位置，总运行时间相同，所以 t_f 增大导致 a^2 和 a^3 减小。由此可以看出，在运动中位移较大的关节对参数的影响起主导作用。

表 2.1　不同 α 对结果的影响 $\left[\, q_f = (0.5, 0.4, 0.3)\,\right]$

α	a	t_f
0	0.2222, 0.1778, 1.6554	3.0000
0.2	2.7590, 2.2072, 1.6554	0.8514
0.4	3.8328, 3.0663, 2.2997	0.7224
0.6	5.0245, 4.0196, 3.0147	0.6309
0.8	6.9206, 5.5272, 4.1454	0.5380
1	15.0000, 10.1196, 15.0000	0.4024

表 2.2　不同 α 对结果的影响 $\left[\, q_f = (4.2, 1.1, 1.3)\,\right]$

α	a	t_f
0	2.9068，0.4894，0.5778	3.0000
0.2	5.8038，0.6034，0.7131	2.7005
0.4	8.0276，0.6421，0.7589	2.6178
0.6	10.4179，0.6700，0.7890	2.5672
0.8	14.3839，0.6920，0.8178	2.5216
1	15.0000，5.3259，5.3852	2.5167

2.5　本章小结

　　本章建立了机械臂实时轨迹规划的基本概念和问题模型。首先介绍了基于梯形速度曲线的轨迹模型，然后建立了基于非线性优化的机械臂轨迹规划问题模型。在此基础上，针对存在的动态变化或不确定性因素，建立了实时轨迹规划族模型。为后续章节中轨迹规划问题的模型转化、实时求解及实际应用奠定了基础。

参 考 文 献

[1] Biagiotti L, Melchiorri C. Trajectory planning for automatic machines and robots[M]. Berlin: Springer Verlag, 2008.

[2] Zhang S Y, Dai S L. Real-time kinematical optimal trajectory planning for haptic feedback manipulators[J]. Simulation: Journal of the Society for Computer Simulation, 2019, 95(7): 621-635.

[3] Zhang S Y, Dai S L. Real-time trajectory generation for haptic feedback manipulators in virtual cockpit systems[J]. Journal of Computing and Information Science in Engineering, 2018, 18(4): 041015.

第 3 章　非凸轨迹优化问题模型转化

在实际轨迹优化问题中，由于目标函数和约束条件较为复杂，优化问题往往是非凸的，计算量较大，且易陷入局部最优解。采用多重初始值方法、启发式算法（如模拟退火法、进化算法）等可对非凸优化问题求解全局最优解，但解的精度往往无法保证，且计算量大、计算时间长。对非凸优化问题快速、精确地求解全局最优解一直是一个难点问题。为了快速、精确地求解非凸优化问题全局最优解，本章介绍一种基于变量代换的非凸轨迹优化模型等价变换方法，变换后的模型具有唯一的局部最优解（全局最优解），并对局部最优解的唯一性进行证明。

3.1　参数选取对优化问题的影响

对于第 2 章介绍的非线性优化轨迹规划模型，选取不同的优化参数，可以导出不同的约束条件，构建具有不同性质的非线性优化问题。

所有关节有共同的运行时间，因此选取 t_f 为一个独立变量。根据式（2.15）描述的目标函数可以看出，最直接的方法是选取 a^j 和 t_f 为优化参数，其代表的意义较为直观，而且目标函数的表示比较简单。但是，这种方法对应的不等式约束较为复杂，在迭代求解过程中，得到的局部最优解依赖于迭代初始值；对于很多初始值，无法得到可行的局部最优解。因此，求解速度和精度无法得到保证。具体分析详见 "3.2　轨迹规划的非凸优化模型"。

为了提升计算性能，重新选取优化参数，对其进行等价变换。选取 ω_m^j 和 t_f 作为优化参数，得到新的非线性优化模型。在这种情况下，选取任何迭代初始值，均收敛于全局最优值。通过变量代换，大幅提升了求解速度和精度。具体分析及证明见 "3.3　非凸优化模型转化"。

3.2 轨迹规划的非凸优化模型

本节通过简单直观的方式，选取 $a^j\,(j=1,2,\cdots,N_J)$ 和 t_f 为优化参数。对于 N_J 个自由度的机械臂轨迹规划有 N_J+1 个优化参数，设 $N_C=N_J+1$，优化参数为

$$\boldsymbol{C}=\left(a^1,a^2,\cdots,a^{N_J},t_f\right)\in\mathbb{R}^{N_J+1} \tag{3.1}$$

目标函数为

$$F(\boldsymbol{C})=\frac{1-\alpha}{N_J}\sum_{j=1}^{N_J}\left(\frac{a^j}{a_{\max}{}^j}\right)^2+\alpha\left(\frac{t_f}{t_{\max}}\right)^2 \tag{3.2}$$

优化参数取值范围为

$$a^j\in\left[0,a_{\max}{}^j\right] \tag{3.3}$$

$$t_f\in\left[0,t_{\max}\right] \tag{3.4}$$

由式（2.17）～式（2.19）可得

$$\omega_m{}^j=\frac{\left(a^jt_f+\omega_0{}^j\right)-\sqrt{\left(a^jt_f+\omega_0{}^j\right)^2-2\left(\omega_0{}^j\right)^2-4q_f{}^ja^j}}{2} \tag{3.5}$$

将其代入约束条件，式（2.26）恒成立，则约束式（2.25）恒成立。

对于约束式（2.21），由 $\omega_0{}^j\leqslant\omega_m{}^j$ 可得

$$\sqrt{\left(a^jt_f+\omega_0{}^j\right)^2-2\left(\omega_0{}^j\right)^2-4q_f{}^ja^j}\leqslant a^jt_f-\omega_0{}^j \tag{3.6}$$

其中隐含以下 3 个条件：

$$\left(a^jt_f+\omega_0{}^j\right)^2-2\left(\omega_0{}^j\right)^2-4q_f{}^ja^j\geqslant0 \tag{3.7}$$

$$a^jt_f-\omega_0{}^j\geqslant0 \tag{3.8}$$

$$\left(a^jt_f+\omega_0{}^j\right)^2-2\left(\omega_0{}^j\right)^2-4q_f{}^ja^j\leqslant\left(a^jt_f-\omega_0{}^j\right)^2 \tag{3.9}$$

将式（3.9）化简可得

$$\omega_0{}^ja^jt_f-q_f{}^ja^j-\frac{\left(\omega_0{}^j\right)^2}{2}\leqslant0 \tag{3.10}$$

另外，由 $\omega_m{}^j \leqslant \omega_{\max}{}^j$ 可得

$$a^j t_f + \omega_0{}^j - 2\omega_m{}^j \leqslant \sqrt{\left(a^j t_f + \omega_0{}^j\right)^2 - 2\left(\omega_0{}^j\right)^2 - 4q_f{}^j a^j} \tag{3.11}$$

其中包含两种情况。第一种情况为

$$a^j t_f + \omega_0{}^j - 2\omega_m{}^j < 0 \tag{3.12}$$

第二种情况为

$$a^j t_f + \omega_0{}^j - 2\omega_m{}^j \geqslant 0 \tag{3.13}$$

且

$$\left(a^j t_f + \omega_0{}^j - 2\omega_m{}^j\right)^2 \leqslant \left(a^j t_f + \omega_0{}^j\right)^2 - 2\left(\omega_0{}^j\right)^2 - 4q_f{}^j a^j \tag{3.14}$$

综上所述，优化问题的解集可以转化为以下两个优化问题的解集的并集：令式（3.2）最小，满足式（3.7）、式（3.8）、式（3.10）和式（3.12）；令式（3.2）最小，满足式（3.7）、式（3.8）、式（3.10）、式（3.13）和式（3.14）。

可以看出，在这种方案中，目标函数形式比较简单，是一个明显的凸函数，但由于 $\omega_m{}^j$ 的表达式中带有平方根，使约束条件非常复杂，大幅增加了计算量。

3.3　非凸优化模型转化

为了提升计算性能，重新选取优化参数，对"3.2　轨迹规划的非凸优化模型"中的模型进行等价变换。本节选取 $\omega_m{}^j (j = 1, 2, \cdots, N_J)$ 和 t_f 为优化参数，对于 N_J 个自由度的机械臂轨迹规划有 $N_J + 1$ 个优化参数，设 $N_C = N_J + 1$，优化参数为

$$\boldsymbol{C} = \left(\omega_m{}^1, \omega_m{}^2, \cdots, \omega_m{}^{N_J}, t_f\right) \in \mathbb{R}^{N_J+1} \tag{3.15}$$

优化参数取值范围为

$$\omega_m{}^j \in \left[\max\left(0, \omega_0{}^j\right), \omega_{\max}{}^j\right] \tag{3.16}$$

$$t_f \in \left[0, t_{\max}\right] \tag{3.17}$$

目标函数为

$$F(\boldsymbol{C}) = \frac{1-\alpha}{N_J} \sum_{j=1}^{N_J} \left(\frac{a^j}{a_{\max}{}^j} \right)^2 + \alpha \left(\frac{t_f}{t_{\max}} \right)^2 \tag{3.18}$$

约束条件可由式（2.29）和式（2.25）确定。

由式（2.17）～式（2.19）可得

$$a^j = \frac{\left(\omega_m{}^j \right)^2 + \left(\omega_0{}^j \right)^2 / 2 - \omega_0{}^j \omega_m{}^j}{\omega_m{}^j t_f - q_f{}^j} \tag{3.19}$$

优化参数取值范围由式（2.21）和式（2.24）确定，将式（3.19）代入不等式（2.20）和式（2.26），可推导出不等式约束。

由此，将轨迹优化问题定义为新的形式，记作问题 $P^{[1]}$。

优化参数及定义域为

$$\boldsymbol{C} = \left(\omega_m{}^1, \omega_m{}^2, \cdots, \omega_m{}^{N_J}, t_f \right) \in \mathbb{R}^{N_J+1} \tag{3.20}$$

$$\omega_m{}^j \in \left[\omega_0{}^j, \omega_{\max}{}^j \right] \tag{3.21}$$

$$t_f \in \left[0, t_{\max} \right] \tag{3.22}$$

目标函数为

$$F(\boldsymbol{C}) = \frac{1-\alpha}{N_J} \sum_{j=1}^{N_J} \left(\frac{a^j}{a_{\max}{}^j} \right)^2 + \alpha \left(\frac{t_f}{t_{\max}} \right)^2 \tag{3.23}$$

不等式约束为

$$q_f{}^j - \omega_m{}^j t_f < 0 \left(0 < a^j \right) \tag{3.24}$$

$$a^j - a_{\max}{}^j \leqslant 0 \tag{3.25}$$

$$2\omega_m{}^j - \omega_0{}^j - a^j t_f \leqslant 0 \left(t_1{}^j \leqslant t_2{}^j \right) \tag{3.26}$$

其中，

$$a^j = \frac{\left(\omega_m{}^j \right)^2 + \left(\omega_0{}^j \right)^2 / 2 - \omega_0{}^j \omega_m{}^j}{\omega_m{}^j t_f - q_f{}^j} \tag{3.27}$$

可得到结论：优化问题 P 有唯一的局部最优解，即全局最优解。

优化问题 P 的目标函数［由式（3.22）和式（3.26）表示］在定义域内为凸，

约束条件式（3.23）和式（3.24）为凸约束，而约束条件式（3.25）为非凸约束。因此，问题 P 不是凸优化问题。对非凸约束进行处理，将 P 转化为凸优化问题 P'，从而证明 P 具有唯一的局部最小值。

证明如下。

（1）目标函数在定义域范围内为凸。

记目标函数为

$$F\left(\omega_m{}^1,\omega_m{}^2,\cdots,\omega_m{}^{N_J},t_f\right)=\sum_{j=1}^{N_J}\mu^j\left(a^j\right)^2+\mu^{N_J+1}t_f{}^2 \tag{3.28}$$

其中，$\mu^j\left(j=1,2,\cdots,N_J+1\right)$ 为加权系数，且满足

$$\mu^j>0 \tag{3.29}$$

令

$$h_j\left(\omega_m{}^1,\omega_m{}^2,\cdots,\omega_m{}^{N_J},t_f\right)=a^j\left(j=1,2,\cdots,N_J\right) \tag{3.30}$$

$$h_{N_J+1}\left(\omega_m{}^1,\omega_m{}^2,\cdots,\omega_m{}^{N_J},t_f\right)=t_f \tag{3.31}$$

其中，h_1 对应的黑塞矩阵为

$$\nabla^2 h_1=\begin{bmatrix}\dfrac{\partial^2 a^1}{\partial\left(\omega_m{}^1\right)^2}&\cdots&\dfrac{\partial^2 a^1}{\partial\omega_m{}^1\partial\omega_m{}^{N_J}}&\dfrac{\partial^2 a^1}{\partial\omega_m{}^1\partial t_f}\\\vdots&&\vdots&\vdots\\\dfrac{\partial^2 a^1}{\partial\omega_m{}^{N_J}\partial\omega_m{}^1}&\cdots&\dfrac{\partial^2 a^1}{\partial\left(\omega_m{}^{N_J}\right)^2}&\dfrac{\partial^2 a^1}{\partial\omega_m{}^{N_J}\partial t_f}\\\dfrac{\partial^2 a^1}{\partial t_f\partial\omega_m{}^1}&\cdots&\dfrac{\partial^2 a^1}{\partial t_f\partial\omega_m{}^{N_J}}&\dfrac{\partial^2 a^1}{\partial\left(t_f\right)^2}\end{bmatrix} \tag{3.32}$$

其中，由式（3.26）可知：

$$\frac{\partial^2 a^j}{\partial\left(\omega_m{}^j\right)^2}=\frac{\left[\left(q_f{}^j-\omega_0{}^j t_f\right)^2+q_f{}^j\right]\left(\omega_m{}^j\right)^{-3}}{t_f-q_f{}^j\left(\omega_m{}^j\right)^{-1}}>0 \tag{3.33}$$

且当 $j\neq k$ 时，有

$$\frac{\partial^2 a^j}{\partial\omega_m{}^j\partial\omega_m{}^k}=0 \tag{3.34}$$

$$\frac{\partial^2 a^j}{\partial \left(\omega_m{}^k\right)^2} = 0 \qquad (3.35)$$

$$\frac{\partial^2 a^j}{\partial t_f \partial \omega_m{}^k} = 0 \qquad (3.36)$$

有

$$\nabla^2 h_1 = \begin{bmatrix} \dfrac{\partial^2 a^1}{\partial \left(\omega_m{}^1\right)^2} & \cdots & 0 & \dfrac{\partial^2 a^1}{\partial \omega_m{}^1 \partial t_f} \\ \vdots & & \vdots & \vdots \\ 0 & \cdots & 0 & 0 \\ \dfrac{\partial^2 a^1}{\partial t_f \partial \omega_m{}^1} & \cdots & 0 & \dfrac{\partial^2 a^1}{\partial \left(t_f\right)^2} \end{bmatrix} \qquad (3.37)$$

各阶顺序主子式为

$$D_1 = \frac{\partial^2 a^j}{\partial \left(\omega_m{}^j\right)^2} > 0 \qquad (3.38)$$

$$D_j = 0 \left(j = 2, 3, \cdots, N_J + 1 \right) \qquad (3.39)$$

则 $\nabla^2 h_1$ 为半正定。同理，$\nabla^2 h_j$ 均为半正定，则 $h_j \left(\omega_m{}^1, \omega_m{}^2, \cdots, \omega_m{}^{N_J}, t_f\right)$ 为定义域上的凸函数。

另外，h_{N_J+1} 对应的黑塞矩阵为

$$\nabla^2 h_{N_J+1} = \begin{bmatrix} \dfrac{\partial^2 t_f}{\partial \left(\omega_m{}^1\right)^2} & \cdots & \dfrac{\partial^2 t_f}{\partial \omega_m{}^1 \partial \omega_{m,N_J}} & \dfrac{\partial^2 t_f}{\partial \omega_m{}^1 \partial t_f} \\ \vdots & & \vdots & \vdots \\ \dfrac{\partial^2 t_f}{\partial \omega_m{}^{N_J} \partial \omega_m{}^1} & \cdots & \dfrac{\partial^2 t_f}{\partial \left(\omega_m{}^{N_J}\right)^2} & \dfrac{\partial^2 t_f}{\partial \omega_m{}^{N_J} \partial t_f} \\ \dfrac{\partial^2 t_f}{\partial t_f \partial \omega_m{}^1} & \cdots & \dfrac{\partial^2 t_f}{\partial t_f \partial \omega_m{}^{N_J}} & \dfrac{\partial^2 t_f}{\partial (t_f)^2} \end{bmatrix} = \begin{bmatrix} 0 & \cdots & 0 & 0 \\ \vdots & & \vdots & \vdots \\ 0 & \cdots & 0 & 0 \\ 0 & \cdots & 0 & 0 \end{bmatrix} \qquad (3.40)$$

且为半正定，则 $h_{N_J+1} \left(\omega_m{}^1, \omega_m{}^2, \cdots, \omega_m{}^{N_J}, t_f\right)$ 为定义域上的凸函数。

令

$$g(x) = x^2 \tag{3.41}$$

且 $g(x)$ 为定义域上的凸函数，且在 $x>0$ 时非减。另外，$h_j(j=1,2,\cdots,N_J+1)$ 为定义域上的凸函数。因此，根据复合原则可知，$g(h_j)$ 为定义域上的凸函数。

此外，由于 μ^j 非负，根据加权求和原则，$\sum\limits_{j=1}^{N_J+1}\mu^j g(h_j)$ 为定义域上的凸函数。

综上所述，可知目标函数 $F(\boldsymbol{C})$ 在定义域上为凸函数。

（2）凸约束。

根据式（3.24），可得

$$t_f > \frac{q_f^j}{\omega_m^j} \tag{3.42}$$

令

$$y_1^j\left(\omega_m^1, \omega_m^2, \cdots, \omega_m^{N_J}\right) = \frac{q_f^j}{\omega_m^j} \tag{3.43}$$

其中，y_1^1 对应的黑塞矩阵为

$$\nabla^2 y_1^1 = \begin{bmatrix} \dfrac{\partial^2 y_1^1}{\partial\left(\omega_m^1\right)^2} & \cdots & \dfrac{\partial^2 y_1^1}{\partial\omega_m^1\partial\omega_m^{N_J}} \\ \vdots & & \vdots \\ \dfrac{\partial^2 y_1^1}{\partial\omega_m^{N_J}\partial\omega_m^1} & \cdots & \dfrac{\partial^2 y_1^1}{\partial\left(\omega_m^{N_J}\right)^2} \end{bmatrix} = \begin{bmatrix} 2q_f^1\left(\omega_m^1\right)^{-3} & \cdots & 0 \\ \vdots & & \vdots \\ 0 & \cdots & 0 \end{bmatrix} \tag{3.44}$$

为半正定，则 $y_1^1\left(\omega_m^1, \omega_m^2, \cdots, \omega_m^{N_J}\right)$ 为定义域上的凸函数，则其上境图为凸集，因此，

$$E_1^1 = \left\{\boldsymbol{C} \middle| t_f > y_1^1\right\} \tag{3.45}$$

为凸集。同理，

$$E_1^j = \left\{\boldsymbol{C} \middle| t_f > y_1^j\right\} \tag{3.46}$$

也为凸集。

根据式（3.24），可得

$$t_f \geqslant \frac{1}{a_{\max}{}^j}\left\{\omega_m{}^j - \omega_0{}^j + \left[\frac{\left(\omega_0{}^j\right)^2}{2} + a_{\max}{}^j q_f{}^j\right]\left(\omega_m{}^j\right)^{-1}\right\} \tag{3.47}$$

令

$$y_2{}^j\left(\omega_m{}^1, \omega_m{}^2, \cdots, \omega_m{}^{N_J}\right) = \frac{1}{a_{\max}{}^j}\left\{\omega_m{}^j - \omega_0{}^j + \left[\frac{\left(\omega_0{}^j\right)^2}{2} + a_{\max}{}^j q_f{}^j\right]\left(\omega_m{}^j\right)^{-1}\right\} \tag{3.48}$$

其中，$y_2{}^1$ 对应的黑塞矩阵为

$$\nabla^2 y_2{}^1 = \begin{bmatrix} \dfrac{\partial^2 y_2{}^1}{\partial\left(\omega_m{}^1\right)^2} & \cdots & \dfrac{\partial^2 y_2{}^1}{\partial\omega_m{}^1\partial\omega_m{}^{N_J}} \\ \vdots & & \vdots \\ \dfrac{\partial^2 y_2{}^1}{\partial\omega_m{}^{N_J}\partial\omega_m{}^1} & \cdots & \dfrac{\partial^2 y_2{}^1}{\partial\left(\omega_m{}^{N_J}\right)^2} \end{bmatrix} = \left\{\begin{bmatrix} \left[\dfrac{\left(\omega_0{}^1\right)^2}{a_{\max}{}^1} + 2q_f{}^1\right]\left(\omega_m{}^1\right)^{-3} & \cdots & 0 \\ \vdots & & \vdots \\ 0 & \cdots & 0 \end{bmatrix}\right. \tag{3.49}$$

为半正定，则 $y_2{}^1\left(\omega_m{}^1, \omega_m{}^2, \cdots, \omega_m{}^{N_J}\right)$ 为定义域上的凸函数，则其上境图为凸集，因此，

$$E_2{}^1 = \left\{\boldsymbol{C} \mid t_f \geqslant y_2{}^1\right\} \tag{3.50}$$

为凸集。同理，

$$E_2{}^j = \left\{\boldsymbol{C} \mid t_f \geqslant y_2{}^j\right\} \tag{3.51}$$

也为凸集。

（3）非凸约束。

根据式（3.26），可得

$$t_f \geqslant -2q_f{}^j \frac{2\omega_m{}^j - \omega_0{}^j}{2\left(\omega_m{}^j\right)^2 - \left(\omega_0{}^j\right)^2} \tag{3.52}$$

令

$$y_3{}^j\left(\omega_m{}^1, \omega_m{}^2, \cdots, \omega_m{}^{N_J}\right) = 2q_f{}^j \frac{2\omega_m{}^j - \omega_0{}^j}{2\left(\omega_m{}^j\right)^2 - \left(\omega_0{}^j\right)^2} \tag{3.53}$$

其中，$y_3{}^1$ 对应的黑塞矩阵为

$$\nabla^2 y_3{}^1 = \begin{bmatrix} \dfrac{\partial^2 y_3{}^1}{\partial\left(\omega_m{}^1\right)^2} & \cdots & \dfrac{\partial^2 y_3{}^1}{\partial\omega_m{}^1\partial\omega_m{}^{N_J}} \\ \vdots & & \vdots \\ \dfrac{\partial^2 y_3{}^1}{\partial\omega_m{}^{N_J}\partial\omega_m{}^1} & \cdots & \dfrac{\partial^2 y_3{}^1}{\partial\left(\omega_m{}^{N_J}\right)^2} \end{bmatrix}$$

$$= \begin{bmatrix} q_f{}^1\dfrac{6\left(\omega_m{}^1\right)^3 - \left(\omega_0{}^1\right)^3 - 6\omega_0{}^1\left(\omega_m{}^1\right)^2 + 6\left(\omega_0{}^1\right)^2\omega_m{}^1}{\left(2\omega_m{}^1 - \omega_0{}^1/2\right)^3} & \cdots & 0 \\ \vdots & & \vdots \\ 0 & \cdots & 0 \end{bmatrix} \tag{3.54}$$

$\omega_m{}^1$ 和 $\omega_0{}^1$ 的关系可表示为

$$\omega_0{}^1 = \beta\omega_m{}^1 \tag{3.55}$$

定义：

$$\Psi(\beta) = q_f{}^1\dfrac{6\left(\omega_m{}^1\right)^3 - \left(\omega_0{}^1\right)^3 - 6\omega_0{}^1\left(\omega_m{}^1\right)^2 + 6\left(\omega_0{}^1\right)^2\omega_m{}^1}{\left(2\omega_m{}^1 - \omega_0{}^1/2\right)^3}$$

$$= \dfrac{q_f{}^1}{\left(\omega_m{}^1\right)^3}\cdot\dfrac{-\beta^3 + 6\beta^2 - 6\beta + 6}{\left(1 - \beta^2/2\right)^3} \tag{3.56}$$

当 $\omega_0{}^1 \geqslant 0$ 时，由于 $\omega_0{}^1 \leqslant \omega_m{}^1$，可得

$$0 \leqslant \beta \leqslant 1 \tag{3.57}$$

另外，当 $\omega_0{}^1 < 0$ 时，如果 $\omega_m{}^1 = \omega_{max}$，则有 $\omega_0{}^1 > -\omega_m{}^1$，可得

$$-1 < \beta < 0 \tag{3.58}$$

如果 $\omega_m{}^1 < \omega_{max}{}^1$，由于 $q_f = \dfrac{\left(\omega_m{}^1\right)^2}{a^1} - \dfrac{\left(\omega_0{}^1\right)^2}{2a^1} > 0$，可得

$$-\sqrt{2} < \beta < 0 \tag{3.59}$$

根据式（3.57）～式（3.59），可得到 β 可能的取值范围为

$$-\sqrt{2} < \beta \leqslant 1 \tag{3.60}$$

在这个范围内，有

$$\Psi(\beta) > 0 \tag{3.61}$$

因此，$\nabla^2 y_3^1$ 为半正定，则 $y_3^1\left(\omega_m^1, \omega_m^2, \cdots, \omega_m^{N_J}\right)$ 为凸函数，$-y_3^1\left(\omega_m^1, \cdots, \omega_m^{N_J}\right)$ 为凹函数，因此，

$$E_3^1 = \{\boldsymbol{C} \mid t_f \geqslant y_3^1\} \tag{3.62}$$

为非凸集。同理，

$$E_3^j = \{\boldsymbol{C} \mid t_f \geqslant y_3^j\} \tag{3.63}$$

也为非凸集。

（4）问题转化。

仅考虑凸约束，由于 E_1^j 与 E_2^j 均为凸集，则其交集

$$E' = \bigcap_{j=1}^{N_J}\left(E_1^j \bigcap E_2^j\right) \tag{3.64}$$

为凸集。

假设第 j 个非凸约束为有效约束，即满足

$$2\omega_m^j - \omega_0^j - a^j t_f = 0 \tag{3.65}$$

与式（3.27）联立可得

$$a^j = \frac{\left(\omega_m^j\right)^2 - \left(\omega_0^j\right)^2 / 2}{q_f^j} \tag{3.66}$$

将其代入目标函数式（3.23），得到新的目标函数 F'，则原问题 P 可转化为 F' 在 E' 上的优化问题，记作 P'。

如果第 j 个非凸约束起作用，修改式（3.30）中 a^j 的表达式，则在 $\nabla^2 h_j$ 中，有

$$\frac{\partial^2 a^j}{\partial\left(\omega_m^j\right)^2} = \mu^j \frac{4}{q_f^2}\left[3\left(\omega_m^j\right)^2 - \frac{\left(\omega_0^j\right)^2}{2}\right] > 0 \tag{3.67}$$

则 $\nabla^2 h_j$ 为半正定，$h_j\left(\omega_m^1, \omega_m^2, \cdots, \omega_m^{N_J}, t_f\right)$ 为定义域上的凸函数。

因此，F' 也为定义域上的凸函数，则问题 P' 为凸优化问题，存在唯一的局部最优解，即全局最优解。

综上所述，原问题 P 有唯一的局部最优解。

与第一种方法相比，该问题目标函数较复杂，但有唯一的局部最优解。因此，通过任何初始值迭代得到的局部最优解均为全局最优解。通过该变量代换方法，可将全局优化问题转化为局部优化问题，以减少计算量、提高计算速度。

3.4　算　　例

在 MATLAB 软件中进行仿真，验证非线性优化模型局部最优解的唯一性，并绘制求得的轨迹曲线。

由"3.3　非凸优化模型转化"可知，选取 ω_m^j $(j=1,2,\cdots,N_J)$ 和 t_f 为优化参数，优化问题具有唯一的局部最优解，通过任何初始值迭代均能收敛到全局最优解。选取 $N_J=3$，选取多组不同的输入 $X=(q_f,\omega_0)$，对每一组 X 随机选取 5 组初始值，通过 SQP 算法进行迭代求解，得到的最优参数及目标函数值均相同。

以 $q_f=(0.21,0.70,1.29)$，$\omega_0=(0.43,0.14,0.26)$ 为例，其中 $\alpha=0.5$，$a_{max}=(15,15,15)$，$\omega_{max}=(1.75,1.75,1.75)$，$t_{max}=3$。选取的初始值 C_0 及优化结果如表 3.1 所示。

表 3.1　不同初始值得到的局部最优解

C_0	C_{opt}	$F(C_{opt})$
(0.49, 0.63, 1.61, 1.36)	(0.43, 1.367110549, 1.75, 0.976744186)	0.0877637955
(0.93, 1.43, 1.54, 1.73)	(0.43, 1.367109296, 1.75, 0.976744186)	0.0877637955
(1.08, 1.11, 1.52, 1.16)	(0.43, 1.367110247, 1.75, 0.976744186)	0.0877637955
(1.43, 0.69, 1.37, 2.34)	(0.43, 1.36710942, 1.75, 0.976744186)	0.0877637955
(0.77, 1.03, 1.38, 2.44)	(0.43, 1.367095284, 1.75, 0.976744186)	0.0877637955

为了直观显示，取 $N_J=1$，选取不同的 $X=(q_f,\omega_0)$ 组合，绘制目标函数曲面，如图 3.1 所示，其中绿色区域表示满足约束条件的集合，红色区域表示不满足约束条件的集合，蓝色点表示全局最优解。可以看出，在约束范围内，存在唯一的局部最小值。

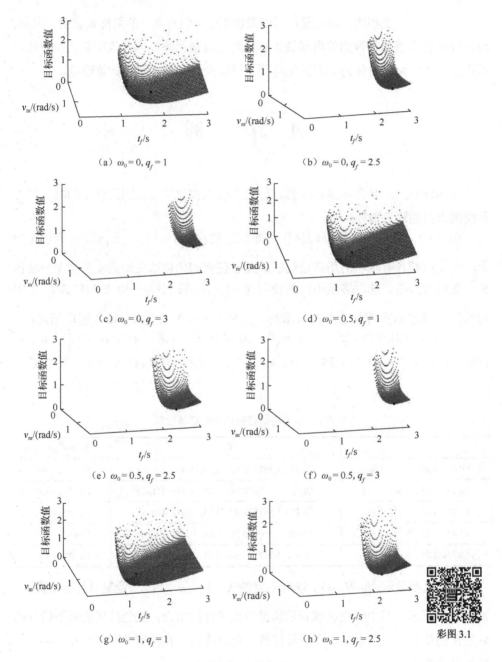

（a）$\omega_0 = 0, q_f = 1$ （b）$\omega_0 = 0, q_f = 2.5$

（c）$\omega_0 = 0, q_f = 3$ （d）$\omega_0 = 0.5, q_f = 1$

（e）$\omega_0 = 0.5, q_f = 2.5$ （f）$\omega_0 = 0.5, q_f = 3$

（g）$\omega_0 = 1, q_f = 1$ （h）$\omega_0 = 1, q_f = 2.5$

彩图 3.1

图 3.1   优化目标函数曲面

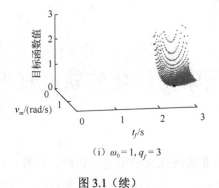

彩图 3.1（续）

（i）$\omega_0 = 1$，$q_f = 3$

图 3.1（续）

3.5　本 章 小 结

本章介绍了一种基于变量代换的非凸轨迹优化问题模型转化方法，变换后的优化问题具有唯一的局部最优解（全局最优解），并对局部最优解的唯一性进行了证明。通过与其他优化参数选取方式对比，验证了该模型在全局优化计算精度及速度方面的优势，为非线性优化问题的实时求解奠定了基础。

参 考 文 献

[1] Zhang S Y, Dai S L, Zanchettin A M, et al. Trajectory planning based on non-convex global optimization for serial manipulators[J]. Applied Mathematical Modelling, 2020, 84: 89-105.

第4章　基于学习优化的轨迹规划族实时求解

在实际问题中采用非线性优化模型进行轨迹规划时，往往优化参数较多，目标函数和约束条件较复杂，计算复杂性较高。非线性优化问题的实时求解一直是一个难点问题。通过学习经验数据来减少在线运行时间、提高求解可行成功率是一个有效的方法——先离线求解多组非线性优化问题，建立最优数据集；在线运行中，通过学习历史数据对轨迹参数进行实时预测。本章介绍一种基于机器学习的轨迹优化实时求解方法，建立学习优化模型及相应的性能指标，提出针对高维输入变量的降维映射数据集生成方法，以及针对多维输入、多维输出的多元多维回归模型，并对多种特征选择方法、回归方法及参数修正方法进行分析与对比，以选取特定应用下最适用的模型。

4.1　基于学习优化的实时求解方法

4.1.1　学习优化模型

对于第2章中建立的非线性优化问题模型，当机械臂具有较多自由度时，优化参数通常具有较高的维度，计算复杂性较高，难以采用解析方法求解。采用迭代方法进行求解，计算时间较长，难以满足实时性。通过学习经验数据选取一个距离最优解较近的初始解可以降低迭代次数，提高求解速度[1]。

采用学习方法求解非线性优化问题，首先生成最优轨迹数据集，然后对数据集进行回归分析，建立从输入变量到优化参数的映射关系；在线运行过程中，根据新的输入变量通过回归模型预测一个近似最优解作为迭代初始值，最后通过参数修正得到最优解。基于学习优化的实时轨迹生成如图4.1所示。

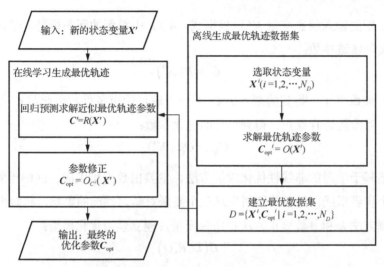

图 4.1　基于学习优化的实时轨迹生成

学习优化方法的具体步骤如下：

（1）建立最优数据集。在输入空间中选取若干组状态变量 $X^i\left(i=1,2,\cdots,N_D\right)$，通过全局优化算法求解最优轨迹参数：

$$C_{\text{opt}}^{\ i}=O\left(X^i\right) \qquad (4.1)$$

并建立最优数据集：

$$D=\left\{X^i,C_{\text{opt}}^{\ i}\mid i=1,2,\cdots,N_D\right\} \qquad (4.2)$$

数据集可以通过人工离线生成，或积累以前的运行数据得到。

（2）建立回归模型，预测初始参数。根据最优数据集 D，建立从输入状态变量 X 到最优轨迹参数 C_{opt} 之间的映射关系：

$$X\rightarrow C_{\text{opt}}=R(X) \qquad (4.3)$$

这个过程既可以在线进行，也可以离线完成，主要取决于所采用的机器学习回归方法。例如，采用 k 近邻（k-nearest neighbor，k-NN）方法，回归模型的建立与新的输入状态有关，因此要求在线计算；在支持向量回归（support vector regression，SVR）或高斯过程回归（Gaussian process regression，GPR）方法中，建立回归模型则可离线计算，具体见"4.3.2　回归方法"。

对于新的输入状态变量 X'，根据式（4.3）中得到的回归模型，学习得到一组近似最优轨迹参数：

$$C' = R(X') \tag{4.4}$$

（3）参数修正。得到的新参数 C' 不一定满足约束条件，因此将 C' 作为优化初始值，对参数进行修正，得到最终的优化参数：

$$C_{\text{opt}} = O_{C'}(X') \tag{4.5}$$

上述基于学习的非线性优化求解方法，主要由数据集生成、回归预测和参数修正三个步骤组成。为了分别研究这三个要素对学习性能的影响，将数据集 D、回归预测方法 R 和参数修正方法 O 作为变量，建立学习优化模型：

$$\mathcal{L}(D, R, O) \tag{4.6}$$

称数据集 D、回归预测方法 R 和参数修正方法 O 为学习优化模型 $\mathcal{L}$ 的子方法，$\mathcal{L}$ 由三个子方法共同决定。通过选取不同的子方法组合，可以得到不同的学习优化模型，适用于不同的具体问题。学习优化模型的性能可通过一些指标进行评估，具体见"4.1.2 学习优化性能评价指标"。

4.1.2 学习优化性能评价指标

由"4.1.1 基于学习优化的实时求解方法"可知，学习优化模型 $\mathcal{L}$ 由数据集 D、回归预测方法 R 和参数修正方法 O 确定，可通过选取不同的 (D, R, O) 组合构建不同的 $\mathcal{L}$。为了衡量不同的 $\mathcal{L}$ 的性能，定义几个性能评价指标，包括可行成功率、学习优化时间和目标函数增长率。

（1）可行成功率。在基于学习的非线性优化求解中，对于一组输入状态，先通过回归预测方法 R 得到初始参数 C'，然后通过非线性优化对参数进行修正，使其满足约束条件。但是，以 C' 为初始值的非线性优化不一定能收敛到可行解。假设取 N_r 组输入状态，通过 $\mathcal{L}$ 进行学习优化，最终只有 N_{r1} 组输出可行参数，则定义 $\mathcal{L}$ 的可行成功率为

$$R_s = \frac{N_{r1}}{N_r} \tag{4.7}$$

可行成功率是学习优化中最重要的性能指标，表示学习模型的可行性，体现

了任务是否能顺利完成。在轨迹规划族中，如果某个轨迹规划周期无法得到可行解，如最终得到的参数不满足约束条件，则不能顺利完成任务。

（2）学习优化时间。学习时间 T_L 表示通过 $\mathcal{L}$ 进行一次在线学习优化的平均时间，包括回归预测阶段时间 T_R 和参数修正阶段时间 T_O，即

$$T_L = T_R + T_O \tag{4.8}$$

学习优化时间体现轨迹规划是否满足实时性。在轨迹规划族求解中，为了满足实时性，一次轨迹规划需要在更新周期 T_p 内完成，因此学习时间须满足：

$$T_L < T_p \tag{4.9}$$

（3）目标函数增长率。假设 C_a 和 F_a 分别表示精确的最优参数及对应的目标函数值，即通过非线性优化得到的全局最优解，C_p 和 F_p 分别表示通过 $\mathcal{L}$ 得到的轨迹参数与对应的目标函数值，假设取 N_r 组输入状态进行计算，定义 $\mathcal{L}$ 的目标函数增长率为通过学习优化得到的目标函数值相对于非线性优化得到的全局最优目标函数值的平均相对误差，即

$$e_F = \frac{1}{N_r} \sum_{i=1}^{N_r} \left| \frac{F_p^{\,i} - F_a^{\,i}}{F_a^{\,i}} \right| \tag{4.10}$$

目标函数增长率体现了某些性能指标相对于最优值的偏差，其大小不影响任务的实现，但可以反映完成任务的质量。

4.2　基于降维映射的数据集生成方法

4.2.1　降维映射

为了保证学习优化的性能，要选取足够多的样本来建立高质量的数据集。传统方法往往通过在输入状态变量变化范围内随机和均匀地选取样本，即在状态变量的每个分量的取值范围内随机或均匀地选取一些值进行组合。假设对状态变量中的每个分量随机或均匀选取 d 个值，称 d 为数据集的变量密度，则共需要计算 d^{N_x} 个样本。当状态变量 X 的维数较高，即 N_x 比较大时，所需样本数呈指数增

加，大幅增加了生成数据集的计算成本。另外，按该方法得到的输入变量不一定都在特定应用的工作范围内，由远离工作范围的输入变量计算得到的样本不具有参考价值；而且，由于这些输入状态偏离特定应用的工作范围，可能在式（2.11）所描述的具体问题中缺乏意义，甚至无法得到可行解。因此，传统的方法计算成本高，且存在一些无效样本，导致生成数据集的效率较低，且无法保证数据集质量，进而无法保证学习优化性能。

为了提高高维输入空间学习优化问题中数据集生成的效率，本节介绍一种基于输入空间降维映射的数据集生成方法。先将原输入变量映射到新的输入变量空间，再利用新的输入变量空间来选取样本变量。

映射有两个主要作用：一个是将原输入变量变换到用于判断工作空间的变量空间，以便保证所选取的样本变量处于工作范围内；另一个是对输入变量进行降维，提高选取样本变量数量的灵活性，并在减少选取样本数量的同时得到较好的样本分布。

对输入变量 $\boldsymbol{X}$ 进行映射：

$$\boldsymbol{X}_L = \boldsymbol{\mathcal{F}}(\boldsymbol{X}), \quad \boldsymbol{\mathcal{F}}: \mathbb{R}^{N_X} \to \mathbb{R}^{N_{X_L}} \tag{4.11}$$

其中，$\boldsymbol{\mathcal{F}}$ 为映射；$\boldsymbol{X}_L \in \mathbb{R}^{N_{X_L}}$ 为映射后的输入变量；N_{X_L} 为映射后的输入变量维度。

本书提出两种映射方式，合并映射 $\boldsymbol{\mathcal{F}}_M$ 和转化映射 $\boldsymbol{\mathcal{F}}_T$：

$$\boldsymbol{\mathcal{F}} = \{\boldsymbol{\mathcal{F}}_M, \boldsymbol{\mathcal{F}}_T\} \tag{4.12}$$

1. 合并映射

合并映射 $\boldsymbol{\mathcal{F}}_M$ 将 $\boldsymbol{X}$ 中非独立的高维分量 $\boldsymbol{x}_d \in \mathbb{R}^{N_d}$ 合并为独立的低维分量 $\boldsymbol{x}_{id} \in \mathbb{R}^{N_{id}}$，即

$$\boldsymbol{x}_{id} = \boldsymbol{\mathcal{F}}_M(\boldsymbol{x}_d), \quad \boldsymbol{\mathcal{F}}_M: V_d \subset \mathbb{R}^{N_d} \to V_{id} \subset \mathbb{R}^{N_{id}}, \quad N_d > N_{id} \tag{4.13}$$

合并映射是一种降维映射，将原输入变量中的非独立的冗余分量合并，得到直接用于求解非线性优化问题的独立分量。

由于计算样本实际所用的变量为合并映射后的变量 $\boldsymbol{x}_{id}$，而非 $\boldsymbol{x}_d$，因此，可以直接从 $\boldsymbol{x}_{id}$ 的取值范围内随机或均匀选取样本变量，具体步骤如下：

（1）将 $\boldsymbol{x}_d$ 的取值范围作为定义域，求取 $\boldsymbol{\mathcal{F}}_M$ 的值域 V_{id}，即 $\boldsymbol{x}_{id}$ 的取值范围；

（2）在V_{id}内随机或均匀选取变量组合，变量密度为d，得到样本变量集合，即

$$D_{\text{Sid}} = \{ {}^{i}\boldsymbol{x}_{id} \in V_{id1} | i = 1, 2, \cdots, d^{N_{id}} \} \tag{4.14}$$

通过上述方法，对于合并映射后的输入变量$\boldsymbol{x}_{id}$，得到含有$N_D = d^{N_{id}}$个样本变量的集合D_{Sid1}。若采用传统方法，对原输入变量$\boldsymbol{x}_d$在V_d内随机或均匀选取变量组合，选取变量密度为$d' = d^{N_{id}/N_d}$，然后将其映射到$\mathbb{R}^{N_{id}}$空间，同样可以得到$d^{N_{id}}$个样本变量集合D_{Sid2}。但是，由式（4.13）可知，$\dfrac{N_{id}}{N_d} < 1$，且变量密度为正整数，因此降维映射前可以选取的样本数目远小于降维映射后，且输入变量维数越高，可选取的样本数目越少。考虑$N_d = 6$，$N_{id} = 2$的情况，降维映射后和降维映射前可以选取的数据集样本数如图4.2所示。

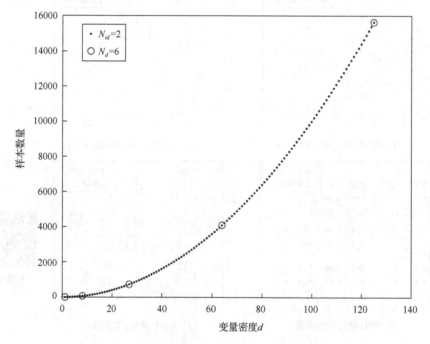

图4.2　降维与非降维方法选取样本数量取值对比

另外，D_{Sid1}和D_{Sid2}虽然包含同样数目的样本变量，但是在$\mathbb{R}^{N_{id}}$空间的分布通常不同。D_{Sid1}中的样本变量分布比较均匀，而D_{Sid2}中的样本变量分布往往不均匀，

选取的样本代表性较弱。当 $d=27$，$d'=3$ 时，分别选取线性合并映射 $\mathcal{F}_{M1}$ 和非线性合并映射 $\mathcal{F}_{M2}$，则有

$$x_{id}=\mathcal{F}_{M1}(x_d)=\begin{bmatrix}1 & 2 & 3 & 0 & 0 & 0\\0 & 0 & 0 & 0.5 & 3 & 10\end{bmatrix}x_d \tag{4.15}$$

$$x_d \to x_{id}=\mathcal{F}_{M2}(x_d)$$

$$\begin{cases}x_{id}(1)=x_d{}^3(1)+x_d{}^3(2)+x_d{}^3(3)\\x_{id}(2)=x_d{}^3(4)+x_d{}^3(5)+x_d{}^3(6)\end{cases} \tag{4.16}$$

分别进行随机和均匀选取样本变量，得到的 x_{id} 的分布如图 4.3 所示。

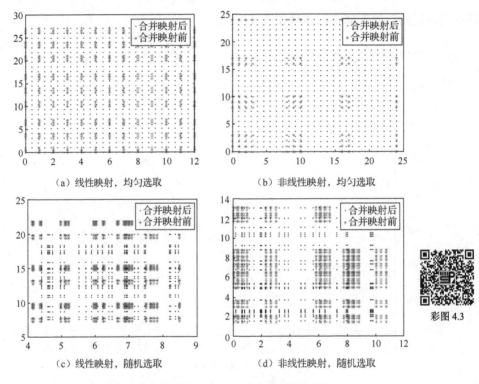

（a）线性映射，均匀选取　　　　　（b）非线性映射，均匀选取

（c）线性映射，随机选取　　　　　（d）非线性映射，随机选取

彩图 4.3

图 4.3　降维与非降维方法选取样本变量分布对比

2. 转化映射

转化映射 $\mathcal{F}_T$ 为将 X 中的某些独立分量映射到另一个变量空间，即

$$x_{d2} = \mathcal{F}_T(x_{d1}), \quad \mathcal{F}_T : V_{d1} \subset \mathbb{R}^{N_{d1}} \to V_{d2} \subset \mathbb{R}^{N_{d2}}, \quad N_{d1} \geqslant N_{d2} \qquad (4.17)$$

转化映射后得到的分量维度可以比原分量降低，也可以与原分量一致。转化映射的主要目的是将分量映射到更容易判断变量有效性的空间。

与合并映射不同，用于计算样本的变量是转化映射前的变量 x_{d1}，而不是转化映射后的变量 x_{d2}，转化映射到 V_{d2} 空间仅用于判断变量是否处于工作范围内，因此通常在 V_{d1} 中选取变量，然后映射到 V_{d2} 空间判断是否处于工作空间。

（1）选取样本变量的具体步骤如下：

① 在 V_{d1} 中随机或均匀地选取若干组变量组合，变量密度为 d，得到样本变量集合：

$$D_{Sd1}' = \{ x_{d1}{}^i \in V_{d1} | i = 1, 2, \cdots, d^{N_{d1}} \} \qquad (4.18)$$

② 对于 S 中的每个 $^i x_{d1}$，通过 $\mathcal{F}_T$ 映射得到 $^i x_{d2}$，并判断 $^i x_{d2}$ 是否在工作范围内；

③ 对于所有不在工作范围内的 $^i x_{d2}$，舍去 S 中对应的 $^i x_{d1}$，得到新的样本变量集合 D_{Sd1}。

D_{Sd1} 中的样本变量数量少于 D_{Sd1}'，数据集计算时间降低；剔除了不合适的变量，可以提高通过非线性优化计算样本时找到可行解的概率；另外，排除不具代表性的样本，提高了数据集质量。最终提高了数据集生成的效率。

（2）当满足如下条件时：

① V_{d2} 已知；

② $\mathcal{F}_T$ 存在逆映射且为单射；

③ $N_{d1} > N_{d2}$。

可通过如下步骤选取样本变量：

第一步，在 V_{d2} 中均匀或随机地选取若干组变量组合，变量密度为 d，得到样本变量集合：

$$D_{Sd2} = \{ {}^i x_{d2} \in V_{d2} | i = 1, 2, \cdots, d^{N_{d2}} \} \qquad (4.19)$$

第二步,对其中的每个 ${}^i\boldsymbol{x}_{d2}$,通过 $\mathcal{F}_T$ 的逆映射得到 ${}^i\boldsymbol{x}_{d1}$,得到样本变量集合:

$$D_{\mathrm{Sd1}} = \{ {}^i\boldsymbol{x}_{d1} \in V_{d1} \,|\, i = 1, 2, \cdots, d^{N_{d2}} \} \tag{4.20}$$

通过此方法,由于 $N_{d1} > N_{d2}$,在选取相同变量密度的情况下,需要计算的样本数减少;而且,与合并映射同理,样本变量数量可选的取值增多,并且可以保证样本变量在工作空间中较均匀地分布。

在实际应用中,可根据具体情况选取合适的样本变量选取方法。

4.2.2　数据集生成

基于降维映射的数据集生成方法,具体步骤如图 4.4 所示。

(1) 将状态变量 $\boldsymbol{X}$ 中的分量分类,找出可以进行合并映射的非独立高维分量 $\{\boldsymbol{x}_{id}{}^i \,|\, i = 1, 2, \cdots, n_M\}$ 和需要进行转化映射的独立分量 $\{\boldsymbol{x}_{d1}{}^j \,|\, j = 1, 2, \cdots, n_T\}$,其他不需要进行处理的分量记为 $\boldsymbol{x}_c$,其中 n_M 和 n_T 分别表示 $\boldsymbol{X}$ 中 $\boldsymbol{x}_{id}$ 和 $\boldsymbol{x}_{d1}$ 的组数,即需要进行合并映射和转化映射的次数。$\boldsymbol{X}$ 可表示为

$$\boldsymbol{X} = \left\{ \boldsymbol{x}_{id}{}^1, \boldsymbol{x}_{id}{}^2, \cdots, \boldsymbol{x}_{id}{}^{n_M}, \boldsymbol{x}_{d1}{}^1, \boldsymbol{x}_{d1}{}^2, \cdots, \boldsymbol{x}_{d1}{}^{n_T}, \boldsymbol{x}_c \right\} \tag{4.21}$$

(2) 对 $\boldsymbol{X}$ 中所有 $\boldsymbol{x}_{id}{}^i$ 进行合并映射,对所有 $\boldsymbol{x}_{d1}{}^j$ 进行转化映射,则

$$\begin{cases} \boldsymbol{x}_d{}^i = \mathcal{F}_{Mi}\left(\boldsymbol{x}_{id}{}^i \right), & i = 1, 2, \cdots, n_M \\ \boldsymbol{x}_{d2}{}^j = \mathcal{F}_{Tj}\left(\boldsymbol{x}_{d1}{}^j \right), & j = 1, 2, \cdots, n_T \end{cases} \tag{4.22}$$

得到降维后的状态变量:

$$\boldsymbol{X}_L = \left\{ \boldsymbol{x}_d{}^1, \boldsymbol{x}_d{}^2, \cdots, \boldsymbol{x}_d{}^{n_M}, \boldsymbol{x}_{d2}{}^1, \boldsymbol{x}_{d2}{}^2, \cdots, \boldsymbol{x}_{d2}{}^{n_T}, \boldsymbol{x}_c \right\} \tag{4.23}$$

(3) 若步骤(2)中得到的 $\boldsymbol{X}_L$ 存在新的分量可以继续进行降维映射,则令 $\boldsymbol{X} = \boldsymbol{X}_L$,重复步骤(1)和步骤(2),否则转入步骤(4)。

(4) 由"4.2.1　降维映射"可知,用于非线性优化求解的分量为 $\boldsymbol{x}_d{}^i$ 和 $\boldsymbol{x}_{d1}{}^i$,建立样本变量:

$$\boldsymbol{X}_S = \left\{ \boldsymbol{x}_d{}^1, \boldsymbol{x}_d{}^2, \cdots, \boldsymbol{x}_d{}^{n_M}, \boldsymbol{x}_{d1}{}^1, \boldsymbol{x}_{d1}{}^2, \cdots, \boldsymbol{x}_{d1}{}^{n_T}, \boldsymbol{x}_c \right\} \tag{4.24}$$

由第 5 章 "5.3.1　整体步骤" 中所述的方法选取 N_D 组样本，建立样本变量集合：

$$D_S = \{\, ^iX_S \mid i = 1, 2, \cdots, N_D \}\qquad(4.25)$$

（5）对 S 中的每组样本变量 $X_S^{\,i}$ 求解非线性优化问题，得到对应的最优参数：

$$^iC_{\mathrm{opt}} = O\left(^iX_S \right)\qquad(4.26)$$

建立最优数据集：

$$D = \left\{ \left(^iX_S, {}^iC_{\mathrm{opt}} \right) \mid i = 1, 2, \cdots, N_D \right\}\qquad(4.27)$$

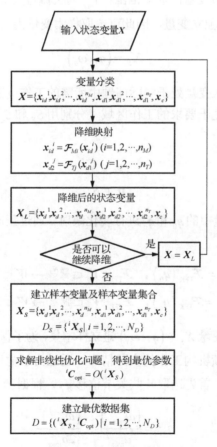

图 4.4　基于降维映射的数据集生成方法

4.2.3　基于学习优化的轨迹规划问题数据集生成

将上述方法用于"2.2　机械臂轨迹规划"中所述的轨迹优化模型。根据"4.2.2 数据集生成"，首先对输入变量 $\boldsymbol{X} = \left(\boldsymbol{q}_0, \boldsymbol{q}_c, \boldsymbol{\omega}_0 \right)$ 进行分类。由于该优化问题只与各关节的位移有关，而与具体的始末位形无关，因此，$\left(\boldsymbol{q}_0, \boldsymbol{q}_c \right)$ 为非独立变量，可对其进行合并映射：

$$\boldsymbol{q}_f = \mathcal{F}_M \left(\boldsymbol{q}_0, \boldsymbol{q}_c \right) = \boldsymbol{q}_c - \boldsymbol{q}_0, \quad \mathcal{F}_M : \left(V_q, V_q \right) \subset \mathbb{R}^{2N_J} \to V_{q_f} \subset \mathbb{R}^{N_J} \tag{4.28}$$

其中，V_q 为机械臂关节变量的取值范围；V_{q_f} 为机械臂关节位移的取值范围。

由于 $\boldsymbol{q}_f$ 和 $\boldsymbol{\omega}_0$ 均为独立变量，因此可选取样本变量为

$$\boldsymbol{X}_S = \left(\boldsymbol{q}_f, \boldsymbol{\omega}_0 \right)$$

另外，为了使输入变量处于实际问题中所需的工作范围，保证机械臂末端初始位置和目标位置均处于要求的工作区域（分别用 S_E 和 S_{CP} 表示，具体应用背景见 6.2 节），即

$$\boldsymbol{p}_0 \in S_E \tag{4.29}$$

$$\boldsymbol{p}_c \in S_{CP} \tag{4.30}$$

因此，需要对输入变量中的 $\boldsymbol{q}_0$ 和 $\boldsymbol{q}_c$ 进行转化映射，通过正向运动学将其变换到任务空间，即

$$\boldsymbol{p}_0 = \mathcal{F}_{\mathrm{TFK}} \left(\boldsymbol{q}_0 \right), \quad \mathcal{F}_{\mathrm{TFK}} : V_q \subset \mathbb{R}^{N_J} \to W \subset \mathbb{R}^{N_J} \tag{4.31}$$

$$\boldsymbol{p}_c = \mathcal{F}_{\mathrm{TFK}} \left(\boldsymbol{q}_c \right), \quad \mathcal{F}_{\mathrm{TFK}} : V_q \subset \mathbb{R}^{N_J} \to W \subset \mathbb{R}^{N_J} \tag{4.32}$$

选取若干组样本变量 $\boldsymbol{X}_S = \left(\boldsymbol{q}_f, \boldsymbol{\omega}_0 \right)$ 建立样本集，为了保证所选取的 $\left(\boldsymbol{q}_f, \boldsymbol{\omega}_0 \right)$ 组合尽量接近力触觉反馈机构工作的实际情形，通过力触觉反馈机构实际运动情况选取合适的样本变量。首先选取一些关节位移 $\boldsymbol{q}_f$，根据

$$q_f^{\ j} = \frac{\left(\omega_{\max}^{\ j} \right)^2}{a_{\max}^{\ j}} - \frac{\left(\omega_{\min}^{\ j} \right)^2}{2 a_{\max}^{\ j}} \tag{4.33}$$

可求得速度初始值的最小取值：

$$\omega_{\min}{}^j = \begin{cases} 0, & Y^j \leqslant 0 \\ \max\left(-\omega_{\max}{}^j, -\sqrt{Y^j}\right), & Y^j > 0 \end{cases} \quad (4.34)$$

其中，

$$Y^j = 2\left(\omega_{\max}{}^j\right)^2 - 2a_{\max}{}^j q_f{}^j \quad (4.35)$$

求解 $\boldsymbol{C} = O\left(\boldsymbol{q}_f, \boldsymbol{\omega}_{\min}\right)$，得到最优参数 $\boldsymbol{C} = \left(\boldsymbol{\omega}_m, t_f\right)$ 和对应的梯形速度曲线 $\dot{\boldsymbol{q}}(\boldsymbol{C}, t)$，然后在这条曲线的基础上均匀地选择一些中间点，选取 $\lambda \in V_\lambda = [0, 1]$，令

$$t' = \lambda t_f \quad (4.36)$$

产生新的初始速度 $\boldsymbol{\omega}_0{}'$ 和关节位移 $\boldsymbol{q}_f{}'$，即

$$\boldsymbol{\omega}_0{}' = \dot{\boldsymbol{q}}\left(\boldsymbol{C}, t'\right) \quad (4.37)$$

$$\boldsymbol{q}_f{}' = \boldsymbol{q}\left(t_f\right) - \boldsymbol{q}\left(t'\right) - \boldsymbol{q}_0 \quad (4.38)$$

作为样本变量。

上述过程可表示为转化映射：

$$\left(\boldsymbol{q}_f, \lambda\right) = \mathcal{F}_T\left(\boldsymbol{q}_f', \boldsymbol{\omega}_0{}'\right), \quad \mathcal{F}_T : \left(V_{q_f}, V_\omega\right) \subset \mathbb{R}^{2N_J} \to \left(V_{q_f}, V_\lambda\right) \subset \mathbb{R}^{N_J+1} \quad (4.39)$$

其中，V_ω 为力触觉反馈机构关节速度取值范围。

综上所述，根据式（4.28）、式（4.31）、式（4.32）和式（4.39），输入变量降维映射最终可表示为

$$\boldsymbol{X}_L = \left(\boldsymbol{q}_f, \lambda\right) = \mathcal{F}\left(\boldsymbol{q}_0, \boldsymbol{q}_c, \boldsymbol{\omega}_0\right), \quad \mathcal{F} : V_X \subset \mathbb{R}^{3N_J} \to V_{X_L} \subset \mathbb{R}^{N_J+1} \quad (4.40)$$

随机选取 N_1 组 $\boldsymbol{q}_f$ 和 N_2 组 λ，可得到 $N_1 \cdot N_2$ 组样本变量 $\boldsymbol{X}_S = \left(\boldsymbol{q}_f, \boldsymbol{\omega}_0\right)$，对每组样本变量求解全局最优解，可得到包含 $N_1 \cdot N_2$ 个样本的最优轨迹数据集。

4.3 基于多元多重回归的初值学习

4.3.1 多元多重回归

在第 2 章描述的轨迹规划问题中，输入变量与输出变量均为多维参数。传统的回归模型只能构建单维输出与输入变量的关系。因此，本书构建多元多重回归模型，其中多元是指有多个自变量，多重是指有多个因变量。

对于回归模型

$$C = R(X) \tag{4.41}$$

自变量为 $X \in \mathbb{R}^{N_x}$，因变量为 $C \in \mathbb{R}^{N_c}$。

对 C 中的每个分量 C^i，分别建立回归模型 R^i，则有

$$C^i = R^i(X) \tag{4.42}$$

则多元多重回归模型为

$$R = \{R^i \mid i = 1, 2, \cdots, N_C\} \tag{4.43}$$

其中，回归模型中的每个分量 R^i 的建立是独立进行的，对于每个因变量分量 C^i，对其有影响的自变量分量可能不同，即 X 中可能只有部分分量对 C^i 有明显的作用。因此，在对每个 R^i 建模时，可以选取不同的自变量，称作特征变量，记作 X_F。

根据 X 选取特征变量：

$$X_F = f_F(X) \tag{4.44}$$

其中，f_F 为输入变量到特征空间的映射。

建立每个分量回归模型时，根据具体情况，选择不同的特征变量 $X_F{}^i$，得到每个输出参数分量：

$$C^i = R^i(X_F{}^i) \tag{4.45}$$

4.3.2 回归方法

对于新的输入变量 X'，通过优化数据集进行回归预测，输出初始参数 C'。

可选取多种不同的回归预测方法进行回归预测。本书主要讨论 k-NN 回归、SVR和 GPR 三种方法。

1. k-NN

定义两个输入变量的特征相似度为

$$\text{sim} = \left\| \boldsymbol{X}_F - \boldsymbol{X}'_{F2} \right\|^{-2} \tag{4.46}$$

对第 i 个参数建立回归模型 R^i 时，新的输入变量与样本变量的特征相似度为

$$\text{sim}^i = \left\| \boldsymbol{X}_F^{\,i} - \boldsymbol{X}_F^{\,i} \right\|_2^{-2} \tag{4.47}$$

在数据集中选取 k 组与新的输入变量相似度最高的样本变量，利用其对应的参数加权生成新的输出参数，则第 i 个参数为

$$C'_{k\text{-NN}}{}^i\left(\boldsymbol{X}_F'{}^i\right) = \sum_{j \in I_{\text{NN}}} w(j) \cdot C_j^i \tag{4.48}$$

其中，I_{NN} 为 k 个与输入变量相似度最高的样本变量的下标集合；$w(j)$ 为加权系数，选取相似度倒数加权系数：

$$w(j) = \frac{\text{sim}^i(j)}{k \cdot \sum\limits_{j \in I_{\text{NN}}} \text{sim}^i(j)} \tag{4.49}$$

且满足

$$\sum_{j \in I_{\text{NN}}} w(j) = 1 \tag{4.50}$$

2. SVR

对第 i 个参数建立回归模型：

$$C'_{\text{SVR}}{}^i\left(\boldsymbol{X}_F'{}^i\right) = \sum_{j=1}^{N_D} \alpha(j) K\left(\boldsymbol{X}_F'{}^i, \boldsymbol{X}_F^{\,i}(j)\right) \tag{4.51}$$

其中，系数 $\alpha(j)$ 通过离线求解二次优化问题确定；K 为核函数。可通过选取不同的核函数对算法进行调整，如选择线性核函数可进行线性回归，选择其他核函数（如高斯核）可进行非线性回归。

3. GPR

GPR 是一种基于概论统计的非参数回归方法。对第 i 个参数建立回归模型：

$$C'_{\mathrm{GPR}}{}^i\left(\boldsymbol{X}'^{\,i}_F\right)=\left(\boldsymbol{k}^i\right)^{\mathrm{T}}\left(\boldsymbol{K}^i+\sigma_{N_D}{}^2\boldsymbol{I}_{N_D}\right)^{-1}\boldsymbol{C}^i=\left(\boldsymbol{k}^i\right)^{\mathrm{T}}\boldsymbol{w}^i \tag{4.52}$$

其中，$\boldsymbol{k}^i$ 为新的输入点特征 $\boldsymbol{X}'^{\,i}_F$ 和样本点特征 $\boldsymbol{X}^{\,i}_F$ 之间的相关性向量；$\boldsymbol{K}^i$ 为第 i 个回归模型的核矩阵；$\sigma_{N_D}{}^2$ 为高斯分布方差；$\boldsymbol{C}^i$ 为数据集中第 i 个参数组成的列向量。$\boldsymbol{w}^i$ 通过离线计算，在线运行时仅需要计算 $\boldsymbol{k}^i$。

4.4 参　数　修　正

回归预测得到的参数 $\boldsymbol{C}'$ 可能不满足非线性优化问题的约束条件，因此，需要对其进行修正。一般情况下，参数修正即以 $\boldsymbol{C}'$ 作为式（2.11）中非线性优化问题的初始值，重新求解优化问题，即

$$\boldsymbol{C}_{\mathrm{opt}}=O_{c'}\left(\boldsymbol{X}\right) \tag{4.53}$$

由于 $\boldsymbol{C}'$ 接近最优参数，因此求解该问题相比于随机选取初始值求解式（2.11）速度大幅提升。但是，当目标函数和约束条件很复杂时，求解式（4.53）可能也无法满足实时性要求。为了进一步降低计算时间，另一种可行的方法是对目标函数进行简化，如进行无目标函数的优化，记作：

$$\overline{\boldsymbol{C}}_{\mathrm{opt}}=\overline{O}_{c'}\left(\boldsymbol{X}\right) \tag{4.54}$$

这种方法可以降低参数修正阶段的运行时间。但是，这种方法只能得到近似最优解；而且，当目标函数对 $\boldsymbol{C}$ 的变化率在 $\boldsymbol{C}_{\mathrm{opt}}$ 附近较大的情况下，即使 $\boldsymbol{C}$ 仅有微小的修正，目标函数值也可能变化很大，导致误差很大。

假设 $F(\boldsymbol{C})$ 可微，$\boldsymbol{C}_{\mathrm{opt}}$ 为非线性优化问题的全局最小值，则 $F(\boldsymbol{C})$ 在 $\boldsymbol{C}_{\mathrm{opt}}$ 处的全微分为

$$\mathrm{d}F\left(\boldsymbol{C}_{\mathrm{opt}}\right)=\sum_{i=1}^{N_C}\frac{\partial F}{\partial C^i}\left(\boldsymbol{C}_{\mathrm{opt}}\right)\mathrm{d}C^i \tag{4.55}$$

其中，$\mathrm{d}F\left(C_{\mathrm{opt}}\right)$ 可表示目标函数 F 相对参数 C 在全局最小值 C_{opt} 附近的变化率。

定义目标函数在 C_{opt} 附近的相对变化率为

$$\mathrm{d}F_r\left(C_{\mathrm{opt}}\right) = \frac{\mathrm{d}F\left(C_{\mathrm{opt}}\right)}{F\left(C_{\mathrm{opt}}\right)} \tag{4.56}$$

当 $\mathrm{d}F_r\left(C_{\mathrm{opt}}\right)$ 较小，参数略微偏离精确值时，目标函数增长率较小；当 $\mathrm{d}F_r\left(C_{\mathrm{opt}}\right)$ 较大时，即使参数偏离精确值很小，也可能得到较大的目标函数增长率。

因此，本书将参数修正方法作为学习优化模型 $\mathcal{L}$ 的一个子方法，在实际应用中，可以根据具体需求选择不同的参数修正方法。例如，动力学优化模型比较复杂，采用式（4.53）很难实现实时性，采用式（4.54）对参数进行修正可以大幅提高求解速度。运动学优化问题较简单，采用有目标函数优化也可以满足实时性要求，因此宜采用式（4.53）进行参数修正。

4.5　算　　例

4.5.1　降维映射生成数据集

使用配备 16GB RAM Intel Core i7-6700HQ 2.6GHz CPU 的笔记本计算机，在 MATLAB 软件中进行仿真。

考虑六自由度机械臂轨迹规划问题，应用指定的初始位形空间 S_E 和目标位形空间 S_{CP} 分别由图 4.5 中的绿色和红色点云表示。首先，采用降维映射方法，随机取 $N_1 = 1000$ 组 $\left(p_0, p_c\right)$，满足 $p_0 \in S_E$，$p_c \in S_{CP}$，并求解对应的 q_f，得到的 q_f 的三维点云如图 4.6 中星号所示。另外，在关节变化范围内随机选取 1000 组 q_f，三维点云如图 4.6 中的蓝色点所示。可以看出，星号覆盖的范围小于蓝色点，说明力触觉反馈机构的工作范围没有覆盖全部可能的取值，表明转化映射可减小变量选取范围，在样本数相同的情况下得到更高的样本密度，进而提高学习的质量。

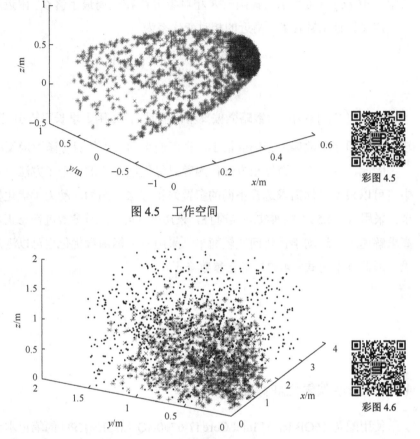

图 4.5　工作空间

彩图 4.5

彩图 4.6

图 4.6　降维方法与随机方法选取的 q_f 样本对比

　　首先，通过"4.2　基于降维映射的数据集生成方法"中的降维映射方法选取样本，取 $N_1 = 1000$，$N_2 = 10$，共 $N_1 \cdot N_2 = 10000$ 组样本，通过 SQP 算法求解运动学非线性优化问题，设置最大重新优化次数 N_{RO} 为 10，得到数据集 D_k。另外，用随机方法选取样本变量 $\boldsymbol{X}_S = \left(\boldsymbol{q}_f, \boldsymbol{\omega}_0 \right)$，$\boldsymbol{q}_f$ 与 $\boldsymbol{\omega}_0$ 的各分量的样本密度均取 $d = 5$，共得到 $d^{N_x} = 15625$ 组样本变量，通过 SQP 算法求解非线性优化问题，分别设置最大重新优化次数为 10 和 100，得到数据集 D_1 和 D_2。通过上述三种方式得到的数据集中样本优化成功率（得到可行解的概率）如图 4.7 所示。可以看出，通过降维映射方法得到的数据库成功率远高于传统的随机方法。

由图 4.6 和图 4.7 可以看出，在生成数据集时，通过式（4.40）对输入变量降维，可以更合理地选取样本，提高数据集样本优化成功率，进而得到高质量的数据集。

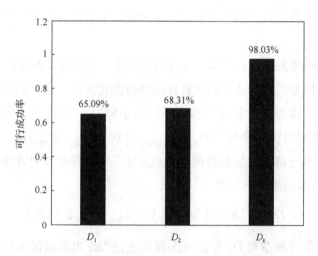

图 4.7　不同选取样本方法优化成功率（ D_1 ：随机方法， $N_{\mathrm{RO}}=10$ ；
D_2 ：随机方法， $N_{\mathrm{RO}}=100$ ； D_k ：降维映射方法， $N_{\mathrm{RO}}=10$ ）

4.5.2　特征选择

在多重多元回归中，对每个输出分量选择特征变量。

第一种特征选取方法是将输入变量 X 作为回归模型中每个分量的特征：

$$t_f = f_t(X) \tag{4.57}$$

$$\omega_m^i = f_\omega^i(X) \qquad i = 1, 2, \cdots, N_J \tag{4.58}$$

此方法比较简单，但结果可能会受到一些无关变量的影响，降低建立回归模型的效率和回归精度。

第二种方法是针对每个输出分量建立不同的特征变量：

$$t_f = f_t(X) \tag{4.59}$$

$$\omega_m^i = f_\omega^i\left(q_f^i, \omega_0^i, t_f\right) \qquad i = 1, 2, \cdots, N_J \tag{4.60}$$

由于要求所有关节在相同的时间到达目标位置，运行时间受到所有关节位移和初速度的影响，因此运行时间回归模型的输入为全部输入变量，与第一种特征选择方法中运行时间回归模型一致，如式（4.59）所示。建立 ω_m 的回归模型时，只考虑对应关节的位移、初速度和总运行时间，不考虑其他几个关节的位移和初速度。

采用上述两种方式选择多重多元回归的特征，分别采用高斯核 SVR 和 GPR 方法建立回归模型，参数修正选取有目标函数优化方法，在"4.5.1　降维映射生成数据集"中生成的数据集 D_k 中提取不同的子集 D_{N_D}（N_D 表示数据集中数据数目），分别建立学习优化模型 $\mathcal{L}\left(D_{N_D}, R_{G-SVR}, O\right)$ 和 $\mathcal{L}\left(D_{N_D}, R_{GPR}, O\right)$。

用"4.2　基于降维映射的数据集生成方法"中的降维映射方法生成一个包含 $N_r = 1000$ 个样本的测试集，即

$$D_{Tk} = \{ {}^{i}\boldsymbol{X}_S = \left({}^{i}\boldsymbol{q}_f, {}^{i}\boldsymbol{\omega}_0 \right), \quad {}^{i}\boldsymbol{C}_{\text{opt}} \mid i = 1, 2, \cdots, N_r \} \tag{4.61}$$

通过学习优化模型对 D_{Tk} 中的每个样本变量 ${}^{i}\boldsymbol{X}_S$ 求取最优参数，测试学习优化模型的性能，得到的结果如图 4.8 所示。可以看出，在两种回归方法下，第二种特征选择方法比第一种均具有更高的成功率、较低的目标函数增长率和较短的学习时间。因为第二种方法删除了无关特征，所以得到了较高的学习效率。

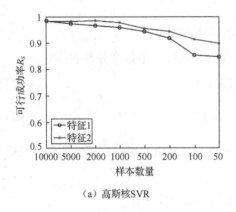
（a）高斯核SVR

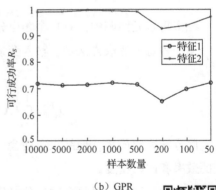
（b）GPR

图 4.8　不同特征选择回归结果

（对于在线学习时间，点划线：T_R；虚线：T_O；实线：T_L）

彩图4.8

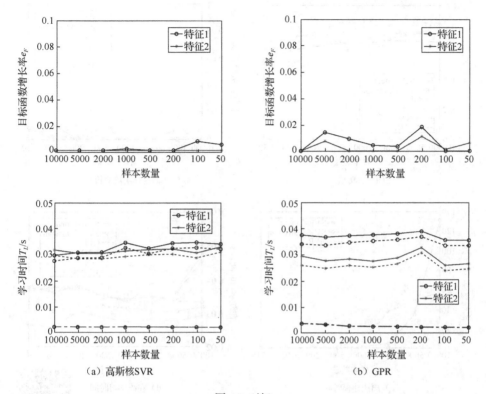

（a）高斯核 SVR　　　　　　　　　　　　（b）GPR

图 4.8（续）

4.5.3　回归方法

在学习优化的回归预测阶段，分别采用 k-NN（k=1,5,10）、线性核 SVR、高斯核 SVR 和 GPR 方法，参数修正选取有目标函数优化方法，采用"4.5.1　降维映射生成数据集"中所述的第二种方式选择多重多元回归的特征，在"4.5.1　降维映射生成数据集"中生成的数据集 D_k 中提取不同的子集 D_{N_D}（N_D 表示数据集中的数据数目），分别建立学习优化模型 $\mathcal{L}(D_{N_D}, R_{\mathrm{KNN}}, O)$、$\mathcal{L}(D_{N_D}, R_{\mathrm{L\text{-}SVR}}, O)$、$\mathcal{L}(D_{N_D}, R_{G\text{-}SVR}, O)$ 和 $\mathcal{L}(D_{N_D}, R_{\mathrm{GPR}}, O)$，用测试集 D_T 测试学习优化模型的性能，结果如图 4.9 和图 4.10 所示。

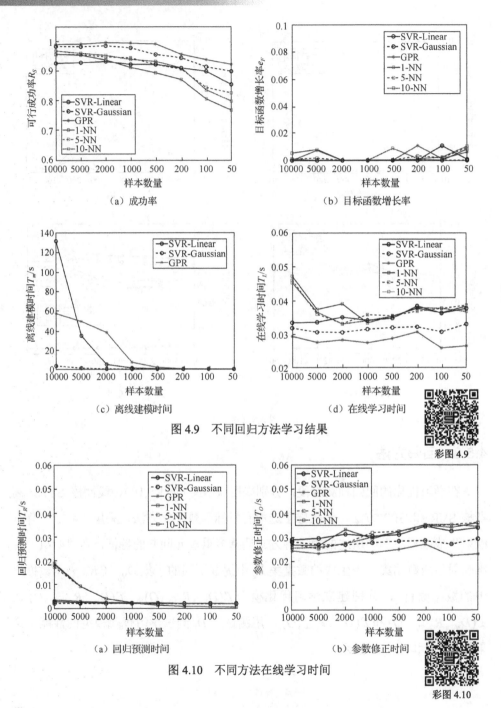

（a）成功率 （b）目标函数增长率

（c）离线建模时间 （d）在线学习时间

图4.9 不同回归方法学习结果

彩图4.9

（a）回归预测时间 （b）参数修正时间

图4.10 不同方法在线学习时间

彩图4.10

由图可以看出，所有方法均具有较小的目标函数增长率（小于 1%）和较短的在线运行时间（小于 50ms），且数据集样本较多时可达到较高的成功率。其中，采用 GPR 方法可获得最好的可行性和实时性，具有最高的成功率和最短的在线运行时间，高斯核 SVR 方法次之。但 GPR 方法建立回归模型时间高于高斯核 SVR 方法，特别是在数据集样本数较多时，GPR 方法建立回归模型时间很长。

一般情况下，成功率随数据集样本数减少而降低。其中，k-NN 方法对数据集大小敏感度最高，样本数减少时，成功率下降很快。当只有很少的样本时，GPR 方法和高斯核 SVR 方法仍具有较高的可行性，在 $N_D = 50$ 时，成功率高于 90%。其中 GPR 方法效果最好，$N_D > 500$ 时，$R_s > 99\%$；高斯核 SVR 方法次之，$N_D > 500$ 时，$R_s > 95\%$。

对于 GPR 和 SVR 方法，离线建立回归模型，在线只需进行预测和参数修正，在线运行时间较短，可获得较好的实时性。由图 4.10 可以看出，GPR 和 SVR 方法在线回归预测时间相似，但参数修正优化时间 GPR 方法最低，高斯核 SVR 方法次之，线性核 SVR 最高。综合来说 GPR 方法实时性最好，在线运行时间低于 30ms。k-NN 方法需要针对不同的输入建立不同的模型，因此需要在线建立回归模型，在线运行时间较长。因为需要计算数据集中每一个样本与输入变量的相似度，所以数据集越大，在线运行时间越长。k 较大时，回归预测时间略高，但参数修正时间较短，因此总在线学习时间较短。

对于 SVR 方法，选择不同的核函数结果不同。相比于线性核，选择高斯核可得到较高的成功率、较低的在线学习时间和较稳定的目标函数增长率。在样本数较多时，高斯核 SVR 方法离线建立模型时间远低于线性核 SVR 方法。

对于 k-NN 方法，选择较大的 k 可得到较高的成功率、较稳定的误差和较低的在线运行时间。

综上所述，选择 GPR 方法，仅需要较少的样本，就可以获得很高的可行性和实时性；如果需要减少离线建模时间，则可选择高斯核 SVR 方法，也可获得较高的可行性和实时性；k-NN 方法在可行性和实时性之间存在矛盾。

4.5.4　修正参数

采用 D_{5000}，采用"4.5.2　特征选择"中所述的第二种方式选择多重多元回归的特征，分别选取 10-NN、高斯核 SVR 和 GPR 作为回归预测方法，分别选取无

目标函数优化 $\bar{O}$ 和有目标函数优化 O 作为参数修正方法，建立学习优化模型。

通过 D_{Tk} 测试学习优化模型的性能，得到的结果如图 4.11 所示。可以看出，通过无目标函数优化进行参数修正，在修正参数阶段花费时间更少，但得到的平均误差很大。

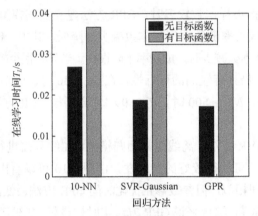

（a）在线学习时间

彩图 4.11

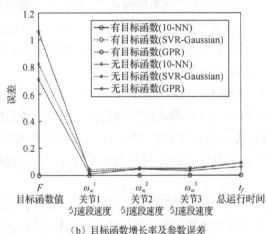

（b）目标函数增长率及参数误差

图 4.11　修正参数阶段有无目标函数优化对比

通过查看每一组数据的目标函数增长率（图 4.12）可以看出，目标函数增长率在大部分情况下较小，但在有些情况下很大，拉高了整体平均增长率。通过计算每组数据目标函数在 C_{obj} 附近的相对变化率 $dF_r(C_{obj})$ 可以看出（图 4.13），目标函数增长率和 $dF_r(C_{obj})$ 变化趋势基本一致。也就是说，在精确值附近目标函数值相对参数的相对变化率较大时进行无目标函数优化，在参数变化很小的情况下，目标函数值变化仍可能很大。

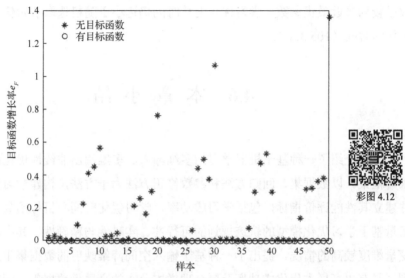

图4.12　修正参数阶段有无优化目标误差对比

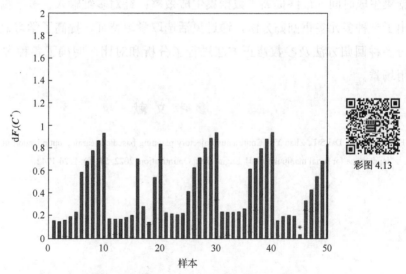

图4.13　精确值附近变化率与目标函数增长率的关系
（绿色柱形：$\mathrm{d}F_r\left(\boldsymbol{C}^*\right)$，红色星号：$\boldsymbol{e}_F$）

为了消除误差很大的情况，在参数修正阶段采用有目标函数的优化，目标函数增长率大幅降低，但修正优化时间有所增加。由于回归预测阶段得到的初始参数已较为接近最优参数，学习优化的总时间仍远小于随机选取初始值进行非线性优化的时间（105.3ms）。

4.6　本章小结

本章介绍了一种基于机器学习的多维输入、多维输出非线性优化问题族实时求解框架。以数据集、回归方法和参数修正方法为子方法，构建学习优化模型，并建立其性能评价指标，包括学习成功率、学习优化时间和目标函数增长率，可衡量基于学习优化模型的轨迹规划的可行性、实时性与精确性。其中，针对输入变量维度较高的情况，提出了一种基于输入空间降维映射的数据集生成方法，得到了具有更高样本优化成功率及更合理样本分布的高质量数据集，同时降低了数据集生成时间，最终提高了数据集生成效率；针对多维输入、多维输出情况，提出了一种多元多重回归方法，通过灵活选取学习特征，提高了学习效率；此外，对多种回归方法及参数修正方法进行了分析和对比，明确了各种方法适用的应用场景。

参 考 文 献

[1] Zhang S Y, Dai S L, Zhao Y J. Continuous trajectory planning based on learning optimization in high dimensional input space for serial manipulators[J]. Engineering Optimization, 2022, 54(10): 1724-1742.

第 5 章　基于关节解耦的近似最优轨迹规划

在基于非线性优化的轨迹规划问题中，实际问题中目标函数和约束问题比较复杂，导致求解复杂度较高，难以保证实时性。在前文中，通过非凸优化问题模型转化和学习优化求解方法提高了非线性优化问题的求解速度。但是，由于非线性优化问题的优化参数相互耦合，当机械臂自由度增加时，优化参数维度增加，求解复杂性超线性增长。而且，关节之间的耦合，某些关节的运动发生异常会影响整个系统，导致可能无法得到可行解，甚至机械臂无法正常运行。针对这一问题，本章对耦合非线性优化问题进行关节解耦。首先，将优化参数分为耦合参数和关节参数两类；然后，通过学习方法确定一个近似最优的耦合参数；最后，在确定的耦合参数的基础上，将关节耦合的优化问题转化为多个关节独立优化问题。这样可以大幅降低求解复杂性，提高计算速度，且提高处理不可行情况的灵活性。

5.1　基于关节解耦优化的实时轨迹规划

5.1.1　关节耦合轨迹优化问题

式（2.11）表示优化问题关节之间相互耦合，即优化参数 C 中的各个分量均与每个关节相关，须综合考虑全部关节的运动来确定最优参数，称为关节耦合优化问题。将该耦合优化问题重新表示为

$$X \to C = O_{\mathrm{cou}}(X) \tag{5.1}$$

对优化参数 C 进行分类：

$$C = \left(C_J^1, C_J^2, \cdots, C_J^{N_J}, C_{\mathrm{cou}} \right) \tag{5.2}$$

其中，$C_{\text{cou}} \in \mathbb{R}^{N_{CP}}$ 称为耦合参数，与各个关节直接相关，是联系各关节的纽带；$C_J{}^j \in \mathbb{R}^{N_{JP}}$ $(j=1,2,\cdots,N_J)$ 称为关节参数。

在耦合优化问题中，$C_J{}^j$ 实际上并非只与第 j 个关节相关，还会通过 C_{cou} 受到其他关节的间接影响。但是，当 C_{cou} 确定时，可以将 $C_J{}^j$ 看作只与第 j 个关节有关的独立参数。

耦合优化问题的优化参数维数为 $N_{JP} \cdot N_J + N_{CP}$。一般情况下，当优化参数维数增加时，优化问题的求解复杂度超线性增长。例如，求解一个 $m \cdot n$ 维的优化问题一般比求解 m 个 n 维优化问题所需时间更长。因此，当机械臂自由度 N_J 增加时，优化参数 C 维数增加，优化问题求解复杂度大幅增加。

此外，耦合优化问题模型只能处理自由度数确定的情况。当只需对机械臂中的某些关节进行计算时，或对具有不同自由度数的其他机械臂进行处理时，需要修改问题模型和相应的求解算法。当某些关节存在异常时，可能会导致关节之间整个耦合优化问题无可行解，进而造成机械臂无法正常运行。

5.1.2　轨迹优化问题解耦

为了降低求解复杂性，并提高解算的灵活性，更好地对关节耦合优化问题进行解耦，将其转化为 N_J 个关节独立优化问题。

关节解耦过程中的关键因素为耦合参数 C_{cou}。因此，选取一个合适的耦合参数 C_{cou} 是优化问题解耦的前提与最关键的步骤。C_{cou} 确定后，原来的耦合优化问题可以转化为 N_J 个关节独立优化问题[1]：

$$(X, C_{\text{cou}}) \to C_J{}^j = O_{\text{ind}}{}^j \left(C_J{}^j \right) \qquad j=1,2,\cdots,N_J \tag{5.3}$$

该优化问题的维数为 N_{JP}，远低于原优化问题维数。因此，计算复杂性将大幅降低。

5.1.3　学习选取耦合参数

耦合参数是协调各个关节的因素，选取耦合参数是优化解耦中最关键的步骤，其取值会影响独立优化问题的最终解。

首先，需要保证解的可行性。也就是说，在确定一个耦合参数 C_{cou} 后，对于任何关节 j，可以求得 $C_J{}^j$，使其满足所有约束条件。因此，需要考虑所有关节的约束条件，确定 C_{cou} 的可行范围。

注意在一些情况下，考虑关节 j 时，C_{cou} 的可行取值范围为空集。也就是说，不存在可以满足所有关于第 j 个关节的约束条件的耦合参数。因此，耦合优化问题不存在可行解，将这类关节称为不可行关节。在这种情况下，先在耦合问题中忽略不可行关节，并相应地修改 N_J 的值，求解其余关节的耦合优化问题，再单独对不可行关节进行处理。然后，确定耦合参数的可行范围后，需要在其中选取一个尽量接近原问题最优解的值。为了在不确定 $C_J{}^j$ 的情况下选取 C_{cou} 的近似最优解，采用第 4 章所述的学习方法，先求解原耦合优化问题得到的最优数据，得到一个近似最优的初始耦合参数，然后对其进行修正，保证其处于可行集合中。

选取近似最优耦合参数的具体步骤如下：

（1）分别求解各关节对应的耦合参数可行范围。分别考虑各关节，确定耦合参数关于关节 j 的可行取值范围，记作 $S_{C_{cou}{}^j}$，即

$$S_{C_{cou}{}^j} = \{ C_{cou}{}^j \mid C_J{}^j \in S_{C_J{}^j}, G^j \left(C_{cou}{}^j, C_J{}^j \right) < 0 \} \tag{5.4}$$

其中，$S_{C_J{}^j}$ 是 $C_J{}^j$ 的可行取值范围，$G^j \left(C_{cou}{}^j, C_J{}^j \right)$ 表示关于关节 j 的所有不等式约束。

（2）确定可行关节与不可行关节。对于某些关节，其相应的耦合参数可行范围为空集，即

$$S_{C_{cou}{}^j} = \varnothing \tag{5.5}$$

记为不可行关节。在耦合优化问题中忽略该关节，并相应改变关节耦合优化问题的耦合关节数 N_J 的值。

（3）考虑所有可行关节，求取耦合参数可行范围，即

$$S_{C_{cou}} = \bigcap_{j=1}^{N_J} S_{C_{cou}{}^j} \tag{5.6}$$

（4）学习近似最优耦合参数。通过学习，在 $S_{C_{cou}}$ 中选取一个近似最优耦合参数。

在步骤（4）中，采用"4.1.1 学习优化模型"中的方法学习近似最优耦合参数，具体应用步骤如下：

（1）生成最优数据集。通过"4.2 基于降维映射的数据集生成方法"中的降维映射方法选取 N_D 组输入参数 ${}^iX(i=1,2,\cdots,N_D)$，通过式（5.1）求解原耦合优化问题：

$$ {}^iC_{\text{opt}} = O_{\text{cou}}\left({}^iX\right) \tag{5.7} $$

求得的最优参数包含耦合参数和关节参数：

$$ {}^iC_{\text{opt}} = \left({}^iC_{\text{Jopt}}{}^1, {}^iC_{\text{Jopt}}{}^2, \cdots, {}^iC_{\text{Jopt}}{}^{N_J}, {}^iC_{\text{copt}}\right) \tag{5.8} $$

从最优解中提取耦合参数分量，建立最优数据集：

$$ D_{\text{cou}} = \left\{ {}^iX, {}^iC_{\text{copt}} \mid i=1,2,\cdots,N_D \right\} \tag{5.9} $$

该数据集离线生成。

（2）建立回归模型。通过对最优耦合参数数据集 D_{cou} 进行分析处理，建立从输入变量 X 到最优耦合参数 C_{copt} 的映射关系：

$$ X \to C_{\text{copt}} = R(X) \tag{5.10} $$

该回归模型可以通过在线或离线建立，取决于所选取的具体回归方法。

（3）学习得到初始参数。根据新的输入变量 X'，通过步骤（2）中得到的回归模型，得到一个初始近似耦合参数：

$$ C_{\text{cou}}' = R(X') \tag{5.11} $$

（4）修正参数。步骤（3）中得到的初始耦合参数可能不满足所有约束条件，因此须对其进行修正，以确保其处于可行范围内。

如果 $C_{\text{cou}}' \in S_{C_{\text{cou}}}$，则

$$ C_{\text{copt}} = C_{\text{cou}}' \tag{5.12} $$

如果 $C_{\text{cou}}' \notin S_{C_{\text{cou}}}$，则

$$ C_{\text{copt}} = C_{\text{cb}} \tag{5.13} $$

其中，C_{cb} 是 C_{cou} 的可行范围中距离 C_{cou}' 最近的边界点。

综上所述，优化问题解耦的整个过程如图 5.1 所示。

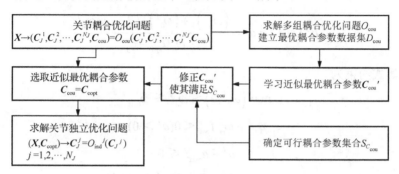

图 5.1　关节耦合优化问题转换

5.2　轨迹优化模型关节解耦

将上述耦合优化问题解耦方法应用于 "2.2　机械臂轨迹规划" 中的轨迹优化问题。在该问题中，机械臂各关节做同步运动，同步运行时间与各关节的运动速度直接相关，形成耦合参数。各关节的梯形速度曲线中的最大运行速度为关节参数，与本关节直接相关，通过同步运行时间与其他关节的参数相互影响。

首先，对优化参数

$$C = \left(\omega_m^1, \omega_m^2, \cdots, \omega_m^{N_J}, t_f \right) \in \mathbb{R}^{N_J+1} \tag{5.14}$$

进行分类。其中，耦合参数和关节参数分别为

$$C_{\text{cou}} = t_f \in \mathbb{R} \tag{5.15}$$

$$C_J^{\,j} = \omega_m^{\,j} \in \mathbb{R} \tag{5.16}$$

然后，确定耦合参数，选取一个同步运行时间，记作 t_{syn}。具体同步时间选取方法见 "5.3　同步时间确定"。

最后，将 t_{syn} 作为常量，将耦合优化问题转化为几个关节独立优化问题：

$$\left(q_f^{\,j}, \omega_0^{\,j}, t_{\text{syn}} \right) \to \omega_m^{\,j} = O_{\text{ind}}^{\,j} \left(\omega_m^{\,j} \right) \qquad j = 1, 2, \cdots, N_J \tag{5.17}$$

67

目标函数为

$$F^j\left(\omega_m{}^j\right) = a^j = \frac{\left(\omega_m{}^j\right)^2 + \left(\omega_0{}^j\right)^2 / 2 - \omega_0{}^j \omega_m{}^j}{\omega_m{}^j t_{\mathrm{syn}} - q_f{}^j} \tag{5.18}$$

不等式约束为

$$\max\left(\omega_0{}^j, 0\right) \leqslant \omega_m{}^j \leqslant \omega_{\max}{}^j \tag{5.19}$$

$$q_f{}^j - \omega_m{}^j t_{\mathrm{syn}} < 0 \left(a^j > 0\right) \tag{5.20}$$

$$a^j - a_{\max}{}^j \leqslant 0 \tag{5.21}$$

$$2\omega_m{}^j - \omega_0{}^j - a^j t_{\mathrm{syn}} \leqslant 0 \left(t_1{}^j \leqslant t_2{}^j\right) \tag{5.22}$$

独立优化问题的具体求解方式见"5.4 关节独立优化问题求解"。

5.3 同步时间确定

5.3.1 整体步骤

确定 t_{syn} 的具体步骤如下。

（1）分别求解各关节运行时间的可行范围。记关节 j 的运行时间为 $t_f{}^j$。考虑约束式（5.19）～式（5.22），确定 $t_f{}^j$ 的可行取值范围 $S_{t_f{}^j}$。

（2）确定可行关节与不可行关节。将 $S_{t_f{}^j} = \varnothing$ 的关节记为不可行关节。在耦合优化问题中忽略该关节，更新 N_J 的值。

（3）确定所有可行关节同步运行时间的可行范围。考虑所有可行关节，确定同步运行时间 t_f 的可行取值范围，即

$$S_{t_f} = \bigcap_{j=1}^{N_J} S_{t_f{}^j} \tag{5.23}$$

（4）学习近似最优同步时间。通过学习，在 S_{t_f} 中选取一个近似最优同步时间 t_{syn}。

5.3.2 关节独立运行时间可行范围确定

在本节内容中，单独考虑各关节，确定关节 j 的运行时间 $t_f^{\,j}$ 的可行取值范围。$\left(\omega_m^{\,j}, t_f^{\,j}\right)$ 的约束条件为

$$0 \leqslant t_f^{\,j} \leqslant t_{\max} \tag{5.24}$$

$$\max\left(0, \omega_0^{\,j}\right) \leqslant \omega_m^{\,j} \leqslant \omega_{\max}^{\,j} \tag{5.25}$$

$$0 \leqslant a^j \leqslant a_{\max}^{\,j} \tag{5.26}$$

$$2\omega_m^{\,j} - \omega_0^{\,j} - a^j t_f^{\,j} \leqslant 0 \left(t_1^{\,j} \leqslant t_2^{\,j}\right) \tag{5.27}$$

根据约束式（5.24）～式（5.27）确定 $t_f^{\,j}$ 的可行范围。

首先，根据约束式（5.26）和式（5.27）来估计 $\left(\omega_m^{\,j}, t_f^{\,j}\right)$ 可行范围的大致形状。其中，约束条件式（5.26）等价于

$$t_f^{\,j} \geqslant \frac{1}{a_{\max}^{\,j}} \left\{ \omega_m^{\,j} - \omega_0^{\,j} + \left[\frac{\left(\omega_0^{\,j}\right)^2}{2} + a_{\max}^{\,j} q_f^{\,j} \right] \left(\omega_m^{\,j}\right)^{-1} \right\} \tag{5.28}$$

约束条件式（5.27）等价于

$$t_f^{\,j} \leqslant 2 q_f^{\,j} \frac{2\omega_m^{\,j} - \omega_0^{\,j}}{2\left(\omega_m^{\,j}\right)^2 - \left(\omega_0^{\,j}\right)^2} \tag{5.29}$$

定义

$$f_1^{\,j}\left(\omega_m^{\,j}\right) = \frac{1}{a_{\max}^{\,j}} \left\{ \omega_m^{\,j} - \omega_0^{\,j} + \left[\frac{\left(\omega_0^{\,j}\right)^2}{2} + a_{\max}^{\,j} q_f^{\,j} \right] \left(\omega_m^{\,j}\right)^{-1} \right\} \tag{5.30}$$

$$f_2^{\,j}\left(\omega_m^{\,j}\right) = 2 q_f^{\,j} \frac{2\omega_m^{\,j} - \omega_0^{\,j}}{2\left(\omega_m^{\,j}\right)^2 - \left(\omega_0^{\,j}\right)^2} \tag{5.31}$$

则 $f_1^{\,j}\left(\omega_m^{\,j}\right)$ 和 $f_2^{\,j}\left(\omega_m^{\,j}\right)$ 的单调性可通过计算其导数确定：

$$\frac{\mathrm{d}f_1^{\,j}}{\mathrm{d}\omega_m^{\,j}} = \frac{\left(\omega_m^{\,j}\right)^2 - \left[\left(\omega_0^{\,j}\right)^2 / 2 + a_{\max}^{\,j} q_f^{\,j}\right]}{a_{\max}^{\,j} \left(\omega_m^{\,j}\right)^2} \tag{5.32}$$

$$\frac{\mathrm{d}f_2^{\,j}}{\mathrm{d}\omega_m^{\,j}} = -q_f^{\,j}\frac{\left(\omega_m^{\,j}-\omega_0^{\,j}\right)^2+\left(\omega_m^{\,j}\right)^2}{\left(\omega_m^{\,j}-\dfrac{\omega_0^{\,j}}{2}\right)^2} \tag{5.33}$$

由于 $\omega_m^{\,j}>0$，若

$$\omega_m^{\,j} < \sqrt{\frac{\left(\omega_0^{\,j}\right)^2}{2}+a_{\max}^{\,j}q_f^{\,j}} \tag{5.34}$$

可得到

$$\frac{\mathrm{d}f_1^{\,j}}{\mathrm{d}\omega_m^{\,j}} < 0 \tag{5.35}$$

否则，若

$$\omega_m^{\,j} > \sqrt{\frac{\left(\omega_0^{\,j}\right)^2}{2}+a_{\max}^{\,j}q_f^{\,j}} \tag{5.36}$$

则有

$$\frac{\mathrm{d}f_1^{\,j}}{\mathrm{d}\omega_m^{\,j}} > 0 \tag{5.37}$$

因此，当 $\omega_m^{\,j}<\sqrt{\dfrac{\left(\omega_0^{\,j}\right)^2}{2}+a_{\max}^{\,j}q_f^{\,j}}$ 时，$f_1^{\,j}\left(\omega_m^{\,j}\right)$ 递减，当 $\omega_m^{\,j}>\sqrt{\dfrac{\left(\omega_0^{\,j}\right)^2}{2}+a_{\max}^{\,j}q_f^{\,j}}$ 时，$f_1^{\,j}\left(\omega_m^{\,j}\right)$ 递增。

而且，

$$\frac{\mathrm{d}f_2^{\,j}}{\mathrm{d}\omega_m^{\,j}} < 0 \tag{5.38}$$

恒成立。因此，$f_2^{\,j}\left(\omega_m^{\,j}\right)$ 递减。

确定单调性后，检查 $f_1^{\,j}\left(\omega_m^{\,j}\right)$ 和 $f_2^{\,j}\left(\omega_m^{\,j}\right)$ 是否相交。如果 $\exists\omega_1$ 满足 $f_1^{\,j}\left(\omega_1^{\,j}\right)=f_2^{\,j}\left(\omega_1^{\,j}\right)$，则有

$$\left(\omega_1^{\,j}\right)^2 = \frac{\left(\omega_0^{\,j}\right)^2}{2}+a_{\max}^{\,j}q_f^{\,j} \tag{5.39}$$

因为 $\omega_m{}^j > 0$，则有

$$\omega_1{}^j = \sqrt{\frac{\left(\omega_0{}^j\right)^2}{2} + a_{\max}{}^j q_f{}^j}$$

（5.40）

因此，当 $\max\left(0, \omega_0{}^j\right) \leqslant \omega_m{}^j < \omega_1{}^j$ 时，$f_1{}^j\left(\omega_1{}^j\right) < f_2{}^j\left(\omega_1{}^j\right)$。否则，当 $\omega_m{}^j > \omega_1{}^j$ 时，$f_1{}^j\left(\omega_1{}^j\right) > f_2{}^j\left(\omega_1{}^j\right)$。

综上所述，$\left(\omega_m{}^j, t_f{}^j\right)$ 满足约束式（5.26）和式（5.27）的可行取值范围如图 5.2 所示。

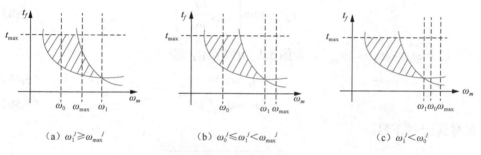

（a）$\omega_1{}^j \geqslant \omega_{\max}{}^j$　　　　（b）$\omega_0{}^j \leqslant \omega_1{}^j < \omega_{\max}{}^j$　　　　（c）$\omega_1{}^j < \omega_0{}^j$

图 5.2　每个关节的可行取值范围

然后，根据约束式（5.24）和式（5.25）来确定 $t_f{}^j$ 的可行取值范围。选取一个运行时间的上界 $t_{\max}$，保证其对所有关节的可行取值范围非空，即

$$t_{\max} \geqslant \max_j \left(f_1{}^j\left(\omega_1{}^j\right)\right)$$

（5.41）

根据式（5.40）可知，$\omega_1{}^j$ 由 $\omega_0{}^j$ 和 $q_f{}^j$ 决定。根据 $\omega_1{}^j$ 的不同取值，每个关节的可行取值范围存在三种情况，如图 5.2 所示。

（1）$\omega_1{}^i \geqslant \omega_{\max}{}^i$。如图 5.2（a）所示，若

$$\omega_m{}^j = \omega_{\max}{}^j$$

（5.42）

$$a^j = a_{\max}{}^j$$

（5.43）

可得到 $t_f{}^j$ 的下界：

$$t_{\mathrm{lb}}{}^j = \frac{q_f{}^j}{\omega_{\max}{}^j} + \frac{1}{a_{\max}{}^j}\left[\omega_{\max}{}^j - \omega_0{}^j + \frac{\left(\omega_0{}^j\right)^2}{2\omega_{\max}{}^j}\right]$$

（5.44）

若

$$\omega_m{}^j = \omega_0{}^j \tag{5.45}$$

$$t_1{}^j = t_2{}^j \tag{5.46}$$

可得

$$t_f{}^j = \frac{2q_f{}^j}{\omega_0{}^j} \tag{5.47}$$

则 $t_f{}^j$ 的上界为

$$t_{ub}{}^j = \min\left(t_{max}, \frac{2q_f{}^j}{\omega_0{}^j}\right) \tag{5.48}$$

（2）$\omega_0{}^j \leqslant \omega_1{}^j < \omega_{max}{}^j$。如图 5.2（b）所示，若

$$t_1{}^j = t_2{}^j \tag{5.49}$$

$$a^j = a_{max}{}^j \tag{5.50}$$

可得到 $t_f{}^j$ 的下界：

$$t_{lb}{}^j = \frac{1}{a_{max}{}^j}\left[2\sqrt{\frac{\left(\omega_0{}^j\right)^2}{2} + a_{max}{}^j q_f{}^j} - \omega_0{}^j\right] \tag{5.51}$$

若

$$\omega_m{}^j = \omega_0{}^j \tag{5.52}$$

$$t_1{}^j = t_2{}^j \tag{5.53}$$

可得

$$t_f{}^j = \frac{2q_f{}^j}{\omega_0{}^j} \tag{5.54}$$

则 $t_f{}^j$ 的上界为

$$t_{ub}{}^j = \min\left(t_{max}, \frac{2q_f{}^j}{\omega_0{}^j}\right) \tag{5.55}$$

（3）$\omega_1{}^j < \omega_0{}^j$。如图 5.2（c）所示，$t_f{}^j$ 的可行取值范围为空集。在这种情况下，首先在耦合问题中忽略该关节，并相应地修改 N_J 的数值，然后考虑其他关节，

选取一个同步运行时间 t_{syn}；最后单独对该关节进行计算。该关节的运行时间可能与 t_{syn} 不同，具体求解方法将在 5.4.2 节中进行讨论。

综上所述，对于可行关节 j，$t_f{}^j$ 的可行取值范围是一个连续集合：

$$S_{t_f{}^j} = \{t_f{}^j \mid t_{\text{lb}}{}^j \leqslant t_f{}^j \leqslant t_{\text{ub}}{}^j\} \tag{5.56}$$

其中，$t_{\text{lb}}{}^j$ 和 $t_{\text{ub}}{}^j$ 如表 5.1 所示。

表 5.1　不同 $\omega_1{}^j$ 对应的 $t_f{}^j$ 的可行取值范围

$\omega_1{}^j$	$t_{\text{lb}}{}^j$	$t_{\text{ub}}{}^j$
$\omega_1{}^j \geqslant \omega_{\text{max}}{}^j$	$\dfrac{q_f{}^j}{\omega_{\text{max}}{}^j} + \dfrac{1}{a_{\text{max}}{}^j}\left[\omega_{\text{max}}{}^j - \omega_0{}^j + \dfrac{(\omega_0{}^j)^2}{2\omega_{\text{max}}{}^j}\right]$	$\min\left(t_{\text{max}}, \dfrac{2q_f{}^j}{\omega_0{}^j}\right)$
$\omega_0{}^j \leqslant \omega_1{}^j < \omega_{\text{max}}{}^j$	$\dfrac{1}{a_{\text{max}}{}^j}\left[2\sqrt{\dfrac{(\omega_0{}^j)^2}{2} + a_{\text{max}}{}^j q_f{}^j} - \omega_0{}^j\right]$	$\min\left(t_{\text{max}}, \dfrac{2q_f{}^j}{\omega_0{}^j}\right)$
$\omega_1{}^j < \omega_0{}^j$	—	—

在耦合问题中，t_f 的下界和上界分别为

$$t_{\text{lb}} = \max_j\left(t_{\text{lb}}{}^j\right) \tag{5.57}$$

$$t_{\text{ub}} = \min_j\left(t_{\text{ub}}{}^j\right) \tag{5.58}$$

因此，t_f 的可行取值范围为

$$S_{t_f} = \bigcap_{j=1}^{N_J} S_{t_f{}^j} = \{t_f \mid t_{\text{lb}} \leqslant t_f \leqslant t_{\text{ub}}\} \tag{5.59}$$

5.3.3　学习近似最优同步时间

根据"5.1.3　学习选取耦合参数"中的方法，选取近似最优同步时间，具体步骤如下：

（1）生成数据集。离线选取 N_D 组输入变量 ${}^i\boldsymbol{X}\,(i=1,2,\cdots,N_D)$，求解耦合优化问题

$$ {}^i\boldsymbol{C}_{\text{opt}} = O_{\text{cou}}\left({}^i\boldsymbol{X}\right) \tag{5.60}$$

其中，求得的最优参数为

$$ {}^i\boldsymbol{C}_{\text{opt}} = \left({}^i\omega_{\text{mopt}}{}^1, {}^i\omega_{\text{mopt}}{}^2, \cdots, {}^i\omega_{\text{mopt}}{}^{N_J}, {}^i t_{\text{fopt}}\right) \tag{5.61}$$

提取最优同步时间，建立数据集：

$$D_t = \left\{ {}^i\boldsymbol{X}, {}^i t_{\text{fopt}} \mid i = 1, 2, \cdots, N_D \right\} \tag{5.62}$$

（2）建立回归模型。建立输入变量 $\boldsymbol{X}$ 到最优运行时间 t_{fopt} 之间的映射关系：

$$\boldsymbol{X} \to t_{\text{fopt}} = R(\boldsymbol{X}) \tag{5.63}$$

（3）学习初始近似最优同步时间。根据新的输入变量 $\boldsymbol{X}'$，通过回归模型得到一个初始运行时间参数：

$$t_{\text{ini}} = R(\boldsymbol{X}') \tag{5.64}$$

（4）修正参数，得到近似最优同步时间。对不满足约束条件的初始近似最优同步时间进行修正，保证其处于 S_{t_f} 中。

如果 $t_{\text{lb}} \leqslant t_{\text{ini}} \leqslant t_{\text{ub}}$，则有

$$t_{\text{syn}} = t_{\text{ini}} \tag{5.65}$$

如果 $t_{\text{ini}} < t_{\text{lb}}$，则令

$$t_{\text{syn}} = t_{\text{lb}} \tag{5.66}$$

如果 $t_{\text{ini}} > t_{\text{ub}}$，则令

$$t_{\text{syn}} = t_{\text{ub}} \tag{5.67}$$

5.4　关节独立优化问题求解

5.4.1　可行关节独立优化求解

确定同步时间 t_{syn} 后，关节耦合优化问题可转化为 N_J 个关节独立优化问题。其中，第 j 个可行关节的独立优化问题为

$$\left(q_f^{\,j}, \omega_0^{\,j}, t_{\text{syn}} \right) \to \omega_m^{\,j} = O_{\text{ind}}^{\,j} \left(\omega_m^{\,j} \right) \tag{5.68}$$

为了简化符号，省略表示关节序号的上标。单个可行关节的独立优化问题可表示为

$$\left(q_f, \omega_0, t_{\text{syn}} \right) \to \omega_m = O_{\text{ind}} \left(\omega_m \right) \tag{5.69}$$

优化函数为

$$F(\omega_m) = a = \frac{\omega_m{}^2 + \omega_0{}^2 / 2 - \omega_0 \omega_m}{\omega_m t_{\text{syn}} - q_f} \tag{5.70}$$

不等式约束为

$$\max(0, \omega_0) \leqslant \omega_m \leqslant \omega_{\max} \tag{5.71}$$

$$q_f - \omega_m t_{\text{syn}} < 0 \, (a > 0) \tag{5.72}$$

$$a - a_{\max} \leqslant 0 \tag{5.73}$$

$$2\omega_m - \omega_0 - a t_{\text{syn}} \leqslant 0 \, (t_1 \leqslant t_2) \tag{5.74}$$

为了对 F 求解最小值，计算其一阶导数：

$$\frac{\mathrm{d}F}{\mathrm{d}\omega_m} = \frac{t_{\text{syn}} \omega_m{}^2 - 2q_f \omega_m + \omega_0 q_f - \omega_0{}^2 t_{\text{syn}} / 2}{\left(\omega_m t_{\text{syn}} - q_f\right)^2} \tag{5.75}$$

其中，分子和分母分别定义为

$$A = t_{\text{syn}} \omega_m{}^2 - 2q_f \omega_m + \omega_0 q_f - \omega_0{}^2 t_{\text{syn}} / 2 \tag{5.76}$$

$$B = \left(\omega_m t_{\text{syn}} - q_f\right)^2 \tag{5.77}$$

由式（5.70）可知，当 $a > 0$ 时，$B > 0$。

A 是一个二次函数，且满足

$$\left(2q_f\right)^2 - 4t_{\text{syn}} \left(\omega_0 q_f - \frac{\omega_0{}^2 t_{\text{syn}}}{2}\right) = \left(2q_f - \omega_0 t_{\text{syn}}\right)^2 + \left(\omega_0 t_{\text{syn}}\right)^2 > 0 \tag{5.78}$$

因此，A 有两个零点，进而可知 F 具有两个极点，如图 5.3 所示。两个极点分别表示为 $\omega_m = \omega_{\text{in}}{}^1$ 和 $\omega_m = \omega_{\text{in}}{}^2$。

根据图 5.2 可知，ω_m 的可行取值范围为

$$\omega_2 < \omega_m < \min(\omega_3, \omega_{\max}) \tag{5.79}$$

其中，

$$\omega_2 = \omega_m \,|\, a = a_{\max} \tag{5.80}$$

$$\omega_3 = \omega_m \,|\, t_1 = t_2 \tag{5.81}$$

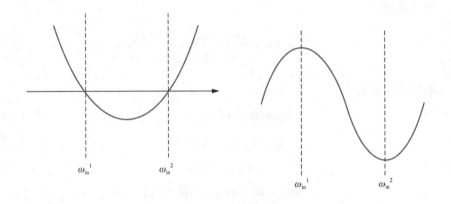

（a）A 的零点   （b）F 的极点

图 5.3 　目标函数曲线和极点

当 $\omega_m = \omega_2$ 时，$a = a_{\max}$。因此，$a(\omega_2 + \Delta\omega) < a(\omega_2) = a_{\max}$。由此可得

$$\omega_{\mathrm{in}}^{\ 1} \leqslant \omega_2 < \omega_{\mathrm{in}}^{\ 2} \tag{5.82}$$

当 $\omega_m = \omega_3$ 时，$t_1 = t_2$，可得

$$a = \frac{2\omega_3 - \omega_0}{t_{\mathrm{syn}}} \tag{5.83}$$

另外，已知

$$a = \frac{\omega_3^{\ 2} + \omega_0^{\ 2}/2 - \omega_0\omega_3}{\omega_0 t_{\mathrm{syn}} - q_f} \tag{5.84}$$

根据式（5.83）和式（5.84），有

$$t_{\mathrm{syn}}\omega_3^{\ 2} - 2q_f\omega_3 + \omega_0 q_f - \frac{\omega_0^{\ 2} t_{\mathrm{syn}}}{2} = 0 \tag{5.85}$$

则有

$$\left.\frac{\mathrm{d}F}{\mathrm{d}\omega_m}\right|_{\omega_3} = 0 \tag{5.86}$$

因此，ω_3 是一个极点。

已知 $\omega_2 \geqslant \omega_1 \geqslant \omega_{\text{in}}{}^1$，当两个等号同时成立时，有

$$\omega_3 = \omega_2 = \omega_{\text{in}}{}^1 \tag{5.87}$$

否则，

$$\omega_3 = \omega_{\text{in}}{}^2 \tag{5.88}$$

因此，$F\left(\omega_m\right)$ 在定义域中非增，则可求出独立优化问题的最优解为

$$\arg\min F\left(\omega_m\right) = \min\left(\omega_3, \omega_{\max}\right) \tag{5.89}$$

5.4.2　不可行关节独立优化求解

对于不存在可行解的关节，对一些约束进行松弛，得到一个可接受的解。

根据梯形速度曲线，约束式（5.27）是一个无法违背的硬约束。当 $\omega_m > \omega_1$ 时，约束式（5.26）不满足，即 $a > a_{\max}$。根据"5.3.2　关节独立运行时间可行范围确定"的内容，当 $\omega_m > \omega_1$ 时，$f_1\left(\omega_m\right)$ 递增，$f_2\left(\omega_m\right)$ 递减。因此，ω_m 增加时，加速度超过上限的量也会增加。

为了避免违背机械臂的机械限制，对机械臂造成损伤，选择对梯形速度曲线中的等式约束式（4.7）进行松弛，引入关于位移 q_f 的误差。因此，对"2.1　轨迹模型"中的梯形速度曲线模型进行调整。有 5 个变量，a、ω_m、t_1、t_2 和 t_f，满足 3 个等式约束，即

$$\omega_m = \omega_0 + at_1 \tag{5.90}$$

$$\omega_m t_1 = \left(\omega_m - \omega_0\right)\left(t_f - t_2\right) \tag{5.91}$$

$$t_1 = t_2 \tag{5.92}$$

和 3 个不等式约束，即

$$0 \leqslant a \leqslant a_{\max} \tag{5.93}$$

$$\omega_0 \leqslant \omega_m \leqslant \omega_{\max} \tag{5.94}$$

$$0 < t_f \leqslant t_{\max} \tag{5.95}$$

为了使位置误差尽量小，令

$$\min\left[\frac{1}{2}\omega_m\left(t_f + t_2 - t_1\right) + \frac{1}{2}\omega_0 t_1 - q_f\right]^2 \tag{5.96}$$

选择 a 和 ω_m 为优化参数，根据等式约束，可得到

$$t_1 = \frac{\omega_m - \omega_0}{a} \tag{5.97}$$

$$t_2 = \frac{\omega_m - \omega_0}{a} \tag{5.98}$$

$$t_f = \frac{2\omega_m - \omega_0}{a} \tag{5.99}$$

将式（5.97）～式（5.99）代入式（5.96），构造优化问题：
目标函数为

$$F\left(a, \omega_m\right) = \min\left[\frac{\omega_m^2}{a} - \frac{\omega_0^2}{2a} - q_f\right]^2 \tag{5.100}$$

不等式约束为

$$0 \leqslant a \leqslant a_{\max} \tag{5.101}$$

$$\omega_0 \leqslant \omega_m \leqslant \omega_{\max} \tag{5.102}$$

$$0 < t_f \leqslant t_{\max} \tag{5.103}$$

当

$$a = a_{\max} \tag{5.104}$$

$$\omega_m = \omega_0 \tag{5.105}$$

时，可得最优解：

$$t_f = \frac{\omega_0}{a_{\max}} \tag{5.106}$$

5.5　算　　例

5.5.1　耦合优化与解耦优化

使用配备 16GB RAM Intel Core i7-6700HQ 2.6GHz CPU 的笔记本计算机，在
MATLAB 软件中进行仿真。首先，采用 SQP 算法，任意选取迭代初始值，求解原始耦

合优化问题。然后，采用本章的学习优化方法，建立学习优化模型 $\mathcal{L}\left(D_{1000}, R_{5\text{-NN}}, O\right)$，求解原耦合优化问题。最后，通过本章所述的解耦方法求解耦合问题，其中，采用与前一种方法相同的数据集 D_{1000} 和 5-NN 方法选取初始同步时间。采用上述三种方法，分别对不同自由度的优化问题进行求解，每种情况求解 1000 组，平均计算时间如图 5.4 所示。

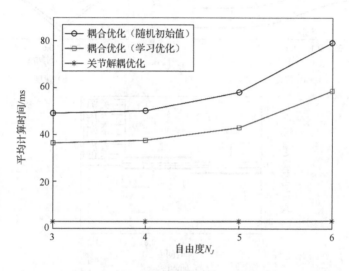

图 5.4　不同自由度的优化问题计算时间

由图 5.4 可以看出，随着自由度的增加，求解耦合优化问题的计算时间超线性增长。通过学习优化方法虽然可以减少计算时间，但是时间减少有限。采用本章所学方法将耦合优化问题转化为几个具有更少优化参数的独立优化问题，相比于求解原始问题，计算时间可以降低一个数量级。

5.5.2　学习同步时间

考虑 $N_J = 6$ 的情况，选取初始位置 $\boldsymbol{q}_0 = (1.57, 0, 0.26, 0, -0.26, 0)$，初始速度 $\boldsymbol{\omega}_0 = (0, 0, 0, 0, 0, 0)$，第一个周期预测的目标位形 $\boldsymbol{q}_c = (1.85, 1.36, 0.48, 0.33, 0.93, -0.21)$。更新周期 $T_p = 0.004\text{s}$。采用 D_{1000} 和 5-NN 方法学习同步时间，整个过程的轨迹如图 5.5 所示。

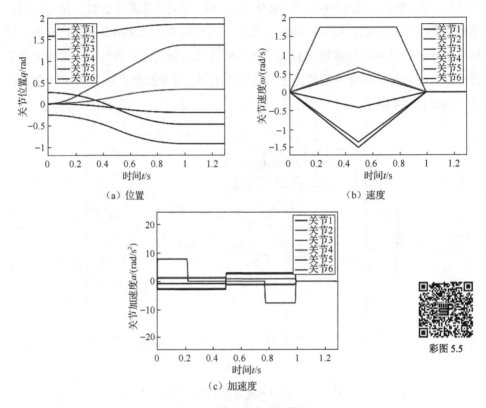

（a）位置　　　　　　　　　　（b）速度

（c）加速度

彩图 5.5

图 5.5　学习同步时间轨迹

　　同时，采取其他方法选取同步时间，与学习方法进行对比。分别选取同步时间可行取值范围的下界 t_{lb} 和上界 t_{ub} 作为同步时间，得到的轨迹分别如图 5.6 和图 5.7 所示。可以看出，当选取上界作为同步时间时，整个过程运行时间很长，大概为采用学习方法得到的总运行时间的 6 倍。当选取下界作为同步时间时，机械臂运行轨迹不平滑，特别是在后半段。速度和加速度变化不平滑，加速度方向改变频繁，而且在很多时刻取值很大。这会对机械臂造成损伤，也会降低与人交互的安全性。此外，关节 2 的运行时间与其他关节不同。采用学习方法选取同步时间，可以得到较平滑的运动曲线，加速度比较平稳，取值较小。同时，运动的快速性也可以得到保证。

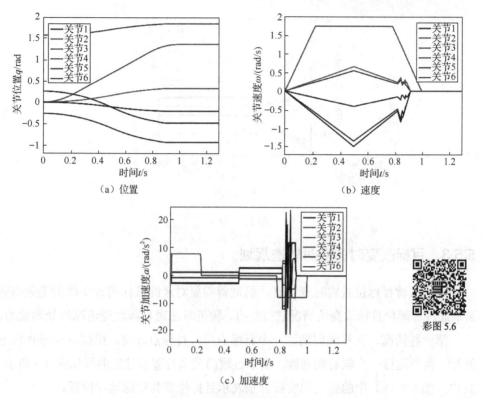

（a）位置　　　　　　　　　　　（b）速度

（c）加速度

图 5.6　最小同步时间轨迹

彩图 5.6

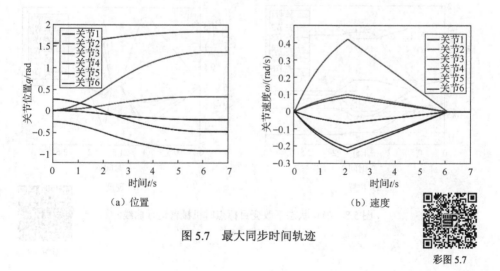

（a）位置　　　　　　　　　　　（b）速度

图 5.7　最大同步时间轨迹

彩图 5.7

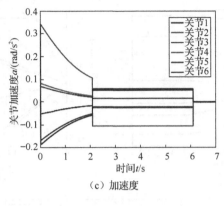

（c）加速度

图 5.7（续）

5.5.3　目标改变时的实时轨迹规划

当机械臂目标位置实时变化时，机械臂需要对最终目标的改变做出迅速的响应。通过对两种目标改变的情况进行仿真，验证算法对目标改变情况的处理能力。

第一种情况，在机械臂到达一个目标点后，目标点改变。机械臂从静止状态开始，重新运行一个轨迹规划族。整个过程的关节位置和速度曲线如图 5.8 所示。其中，图 5.8（a）中的虚线和实线分别表示目标位置和实际运行位置。

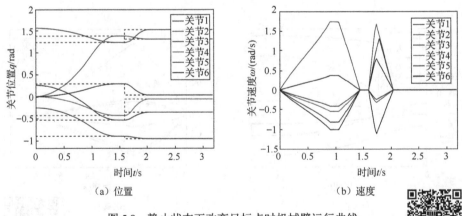

（a）位置　　　　　　　　　　　　　　　　（b）速度

图 5.8　静止状态下改变目标点时机械臂运行曲线

彩图 5.8

第二种情况，在机械臂向第一个目标点运动的过程中，目标点改变。机械臂从当前状态开始，重新运行修改的轨迹规划族，整个过程的关节位置和速度曲线如图 5.9 所示。

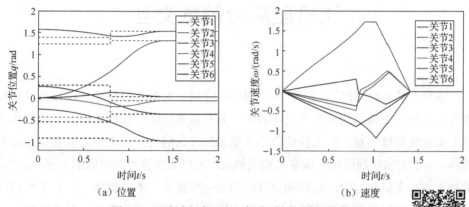

（a）位置　　　　　　　　　　　　　　（b）速度

图 5.9　运动过程中改变目标点时机械臂运行曲线

彩图 5.9

可以看出，在上述两种情况下，机械臂均可以迅速响应目标变化，达到最终的目标点。

5.6　本章小结

本章提出了一种基于关节解耦的基于非线性优化的轨迹规划问题近似求解方法。将耦合优化问题的优化参数分为耦合参数与关节参数两类，通过学习确定近似最优耦合参数，将原问题转化为若干个关节独立优化问题。通过关节解耦，优化问题的计算复杂性大幅降低，求解速度提升了一个数量级以上，且提高了求解实时性和处理不可行情况的灵活性。

参 考 文 献

[1]　Zhang S Y, Zanchettin A M, Villa R, et al. Real-time trajectory planning based on joint-decoupled optimization in human-robot interaction[J]. Mechanism and Machine Theory, 2020, 144: 103664.

第6章　基于实时轨迹规划的虚拟飞机座舱力触觉交互

本章介绍实时轨迹规划在具体实例中的应用。虚拟飞机座舱是以虚拟现实技术为人机交互方式而构造的飞机仿真器，具有成本较低、体积较小、在结构和功能上柔性较强等优点，在飞行仿真中有重要意义。但目前的虚拟力触觉交互还不成熟，由于实物控制面板与操纵机构的缺失，用户无法感受到相应的力感和触感，限制了虚拟飞机座舱中沉浸感和交互性的进一步提升。本章构建一种基于机械臂及其实时轨迹规划的虚拟座舱力触觉交互系统，阐述其应用背景、系统组成与工作原理，并重点说明前面章节中介绍的实时轨迹方法在其中的应用。

6.1　基于实时轨迹规划的虚拟飞机座舱力触觉交互系统

6.1.1　系统组成和工作原理

在传统的虚拟飞机座舱中，用户进行操作时，可通过虚拟显示设备看到虚拟手部对相应控件的操作，但由于实物控制面板与操纵机构的缺失，用户无法感受到相应的力感和触感。力触觉交互的不成熟，限制了虚拟飞机座舱中沉浸感和交互性的进一步提升。本章在传统的虚拟飞机座舱中加入一个机械臂作为力触觉反馈机构，根据用户意图对机械臂进行实时轨迹规划，以实现力触觉交互。相比于穿戴式、桌面式、实物控制面板等力触觉交互方式，该方法可通过体积较小的机械系统模拟多种类型的控制面板，实现大范围交互，具有较高的柔性和较低的成本，维持了虚拟飞机座舱的优势[1]。

带力触觉交互的虚拟飞机座舱系统如图 6.1 所示。它采用伺服机械臂作为力触觉反馈机构，其末端带有一个简化的控制面板，上面装有不同类型的控件（如按钮、旋钮、拨钮），每一个控件可代表虚拟座舱中所有同类型的控件。当用户将手部移动至某个位置进行虚拟操作时，用户可在头戴式显示器中看到虚拟手部对相应控件进行操作，此时，系统驱动力触觉反馈机构运动，将该类型控件送至用户手部操作位置，提供与视觉相匹配的力触觉反馈。其中，由简化控制面板阻挡手部运动产生的反作用力提供力觉反馈，由简化控制面板上的实物控件提供触觉反馈。

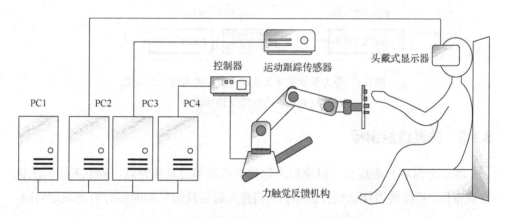

图 6.1　带力触觉交互的虚拟飞机座舱系统

该系统的工作原理如图 6.2 所示，其中力触觉反馈回路由点划线箭头表示。系统工作时，运动跟踪传感器实时采集人手部运动数据，对手部未来的运动轨迹进行实时预测，预测手对控制面板进行操作的时刻 t_c 和位置 p_c，分别称为交互时间与交互点。然后据此对机械臂进行轨迹规划，并控制其运动，使其末端执行器上相应的控件在交互时间 t_c 前到达交互点 p_c。随着手部运动，预测的手部运动轨迹和交互点 p_c 不断更新，机械臂的轨迹也需要重新计算。当用户手部最终到达目标位置进行操作时，用户可从虚拟显示设备中看到虚拟环境中手对座舱控制面板的操作，与此同时，力触觉反馈机构末端所带的相应控件移动到用户操作的目标位置，提供与视觉相匹配的力触觉反馈。

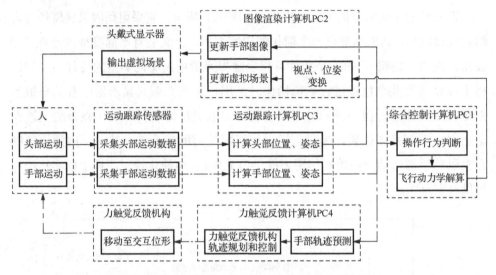

图 6.2　带力触觉交互的虚拟飞机座舱系统工作原理
（点划线：力触觉反馈回路）

6.1.2　关键性能指标

本部分内容考虑虚拟飞机座舱力触觉交互应用的具体特点，确立其中的关键性能指标。后续将围绕这些性能指标，构建力触觉反馈机构的实时轨迹规划问题。

1. 实时性

在力触觉交互应用中，要求力触觉反馈机构实时跟踪手部运动。手部运动有较大的随机性，需要系统具有对目标变化进行快速反应的能力。因此，系统以较高的频率进行手部运动检测及目标预测，并根据新的目标重新进行轨迹规划，驱动其向新的目标运动。

假设系统的更新周期为 T_p，即每 T_p 秒进行一次采样，更新手部运动数据，并据此重新进行轨迹规划。在每个周期内，需要完成手部运动数据处理、交互点预测、轨迹规划与轨迹生成。为了保证系统的正常工作，要求满足实时性，即所有计算时间 t_c 小于更新周期：

$$t_c < T_p \tag{6.1}$$

2. 虚实一致性

在上述虚拟现实系统中，用户在进行操作时，看到虚拟环境中虚拟手部对虚拟控制面板进行操作［图 6.3（a）］；同时，力触觉反馈机构带动控件在真实的空间中移动，为用户提供真实的力触觉反馈［图 6.3（b）］。为了使用户得到逼真的感觉，需要虚拟的视觉反馈与真实的力触觉反馈在空间和时间上相匹配。

彩图 6.3

　（a）虚拟环境中的视觉反馈　　　　　　　　　　（b）现实世界中的力触觉反馈

图 6.3　人手与控制面板的交互

实现虚实空间一致性的关键在于在真实空间中找到虚拟控件所对应的位置。因此，在力触觉反馈机构的可达工作空间［图 6.3（b）中的蓝色点云］中提取一个控制面板区域［图 6.3（b）中的红色点云］，简化的控制面板带动其上的控件在此区域运动，来模拟真实的控制面板。力触觉反馈机构的工作空间分析及控制面板提取方法将在"6.2　力触觉反馈机构工作空间分析"中介绍。

在确定目标位置对应的目标位形 q 后，采用第 4、5 章介绍的方法对力触觉反馈机构进行轨迹规划，使其在一定时间到达该目标位形。

3. 人机交互安全性

在人机交互应用中，力触觉反馈机构与人在同一工作空间工作，进行物理人机交互。为了避免机器人对人造成伤害，需要一些保证安全性的措施。本文采用主动安全策略，考虑人手与力触觉反馈机构的活动范围限制、力触觉反馈机构功率和力限制，以此构建轨迹规划问题中相应的输入和约束条件。

（1）活动范围限制。记力触觉反馈机构的可达工作空间为 $S \subset \mathbb{R}^3$，如图 6.3（b）中蓝色点云所示。在其中提取控制面板区域，记作 S_C，如图 6.3（b）中红色点云所示。将可达工作空间划分为有效工作空间 S_E 和禁止区域 S_P，且满足

$$S_C \subset S_E \tag{6.2}$$

$$S_E + S_P = S \tag{6.3}$$

具体的工作空间生成与划分方法见"6.2 力触觉反馈机构工作空间分析"。

力触觉反馈系统在工作时，为了保证安全性，对力触觉反馈机构和人手的运动范围进行如下限定：

① 通过对力触觉反馈机构的轨迹规划和控制，保证其末端在 S_E 内运动；通过手部跟踪传感器的监控和虚拟显示设备的视觉反馈，保证手部在 S_P 区域一侧运动。

② 在发生交互的时刻，相应控件与手部在区域 S_C 内的某点接触。用户手部与力触觉反馈机构末端的接触全部发生在区域 S_C 内。

③ 力触觉反馈末端比手部提前到达交互点，以确保手与末端接触时，末端运动速度为零。

（2）功率和力限制。对机械臂和人手的活动范围进行限制可以大幅降低危险发生的可能性，但无法完全杜绝危险。在发生意外时，若因传感器误差等因素，机械臂或人手运动超出了限定的范围，则它们之间可能发生碰撞。协作机器人安全标准[2]中提出四种人机协作应用中避免危险的方法，其中，功率和力限制的方法用于人和机器人发生接触的情况。

采用此方法，以人体和机器人碰撞时人的疼痛阈值为标准，确定机械臂末端运动最大线速度。根据 ISO/TS 15066:2016[2]中的碰撞模型，最大允许速度为

$$v_{\mathrm{rel,max}} = \frac{p_{\max} A}{\sqrt{\mu k}} \tag{6.4}$$

其中，$p_{\max}$ 为参与碰撞身体区域的最大接触压力；A 为接触面积；k 为参与碰撞身体区域的弹性系数；μ 为二体系统的折算质量，计算公式为

$$\mu = \left(\frac{1}{m_H} + \frac{1}{m_R} \right)^{-1} \tag{6.5}$$

其中，m_H 为身体区域的有效质量；m_R 为机器人的有效质量。

因此，最大允许速度与 μ（由 m_H 和 m_R 决定）、$p_{\max}$ 和 k 有关。根据 ISO/TS 15066:2016[2]，手部碰撞参数如表 6.1 所示。

表 6.1 手部碰撞参数

$p_{\max} / (\mathrm{N} / \mathrm{mm}^2)$	$k / (\mathrm{N} / \mathrm{mm})$	m_H / kg
3.9	75	0.6

取 $A = 100\mathrm{mm}^2$，得到最大允许速度和 m_R 的关系如图 6.4 所示。取 $m_R = 20\mathrm{kg}$，可得 $v_{\mathrm{rel,max}} = 1.86\mathrm{m} / \mathrm{s}$。

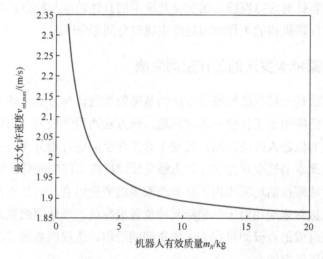

图 6.4 最大允许速度与机器人有效质量的关系

6.2 力触觉反馈机构工作空间分析

为了提供与视觉相配合的力触觉感受，实现和谐的空间一致感，并保证人机交互安全性，力触觉反馈机构末端的活动范围受到真实人手运动的影响。因此，对机械臂的工作空间进行分析是轨迹规划的前提。机器人的工作空间定义为在结构条件限制下，末端参考点能达到的所有位置的集合，表示机器人活动空间的范围，是反映机器人运动灵活程度的重要指标之一，对机器人的工作能力有重要影响。

针对力触觉反馈应用，为了实现虚实空间一致性，需要在力触觉反馈机构的三维可达工作空间中确定一个平面区域来模拟控制面板，不仅要求力触觉反馈机构末端位置位于该平面区域内，还要求末端方向垂直于该平面区域，因此要求工作空间不仅要表示末端位置，还要表示末端方向。另外，为了保证人机交互安全性，需要限定机械臂与人手交互的空间范围，且对力触觉反馈机构的实际运动范围做出限制。

本部分内容针对虚拟座舱力触觉交互应用的具体功能与特点，改进蒙特卡罗法，对力触觉反馈机构的工作空间进行生成与空间划分[3]。

6.2.1 基于蒙特卡罗法的工作空间生成

蒙特卡罗法是一种以随机抽样方法为基础的数值计算方法，该方法简单、计算速度快，广泛应用于工作空间求解问题。该方法通用性较强，力触觉反馈机构选为任意类型的机器人时均适用，且便于对工作空间进行划分和提取其中的任意形状区域，因此本书选取该方法作为力触觉反馈机构工作空间分析的基础。

蒙特卡罗法即在活动范围内，任意选取多组变量组合，通过正向运动学分别求解每一组机械臂末端相对于基坐标系的位置坐标值。当选取组数足够多时，所有位置坐标点组成的点云即可作为工作空间的近似，选取组数越多，得到的结果越接近真实的工作空间。

在本书中，作为力触觉反馈机构的机械臂的扭转角、杆长和横距均为定值，变量为关节角和滑轨位移。考虑一组变量 $\{q, y_s\}_i$ 通过正向运动学可以确定一个基坐标系中的空间位置坐标值 p_i，当抽样的样本容量 N 足够大时，可近似描述工作空间，记作：

$$S = \left\{ p_i \left(i = 1, 2, \cdots, N \right) \right\}$$

采用蒙特卡罗法生成可达工作空间具体步骤如下：

（1）根据正向运动学，确定力触觉反馈机构末端在基坐标系的位置方程；

（2）在关节与滑轨活动限制内，产生 N 组随机变量值

$$q_i^j = q_{\min}{}^j + \text{RAND}(i)^j \left(q_{\max}{}^j - q_{\min}{}^j \right)$$

$$y_{si} = \frac{L}{2} \left(1 - 2 \times \text{RAND}(i)^7 \right)$$

$$j = 1, 2, \cdots, 6; i = 1, 2, \cdots, N \tag{6.6}$$

其中，q_i^j 表示第 i 组随机变量值中关节 j 的关节角，$q_{\min}{}^j$、$q_{\max}{}^j$ 分别为关节 j 的关节角上、下限，L 为滑轨长度，RAND 为 0 到 1 间均匀分布的随机值；

（3）将步骤（2）中生成的 N 组变量代入（1）的位置方程中，得到 N 组力触觉反馈机构末端坐标值；

（4）将步骤（3）中得到的坐标值用描点方式绘制，得到工作空间点集的云图。

采用蒙特卡罗法，在 MATLAB 仿真软件中对六自由度力触觉反馈机构的工作空间进行仿真，取 $N = 5000$，得到的工作空间形状如图 6.5 所示。

上面得到的工作空间仅能显示末端执行器的空间位置，无法显示其方向。在力触觉反馈机构控制面板提取中，不仅要求末端执行器处于特定的空间位置，还要求其方向垂直于控制面板平面。因此，对传统的工作空间表示方法进行改进。记一组位姿状态 $\boldsymbol{X} = (\boldsymbol{q}, \boldsymbol{p})$，包含三维空间位置及对应的关节变量。定义有向工作空间如下：

$$S_O = \left\{ \boldsymbol{X}_i = (\boldsymbol{q}_i, \boldsymbol{p}_i) \left(i = 1, 2, \cdots, N \right) \right\} \tag{6.7}$$

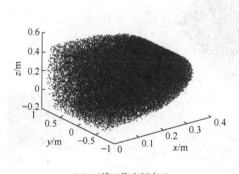

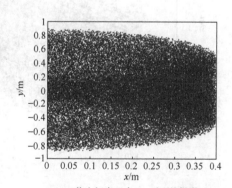

（a）三维工作空间点云　　　　　（b）工作空间点云在 xOy 平面的投影

图 6.5　机械臂可达工作空间点云

彩图 6.5

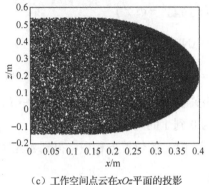 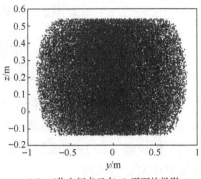

（c）工作空间点云在xOz平面的投影　　　　　（d）工作空间点云在yOz平面的投影

图 6.5（续）

　　为了直观地表示有向工作空间，改进工作空间表示方法，在传统的工作空间三维点云基础上，以每个点为起点画一个短线段，以该点为起点的有向线段所表示的向量方向，即表示末端执行器的方向。如图 6.6 所示，蓝色点为末端所处空间位置，以蓝色点为起点的红色线段表示的向量方向为末端执行器的方向。

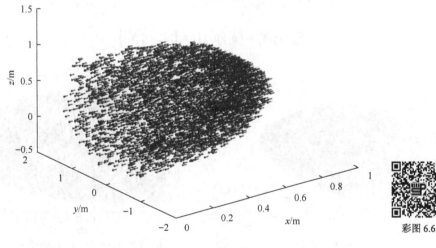

彩图 6.6

图 6.6　有向工作空间

6.2.2　工作空间划分

1. 概述

"6.2.1　基于蒙特卡罗法的工作空间生成"中求出的工作空间为力触觉反馈机构的可达工作空间。力触觉反馈机构需要在可达工作空间中提取一部分区域作为虚拟控制面板所在的区域，实现人手与控制面板的交互。为实现自然、真实的人机交互，且保证安全性，机械臂末端的活动范围与手部的活动范围应相互协调，因此，需要对可达工作空间进行进一步处理。

将有向可达工作空间 S_O 划分为有效工作空间 S_E、控制面板区域 S_{CP} 和禁止区域 S_P，如图 6.7 所示。红色部分为控制面板区域，记作 S_{CP}，用于模拟控制面板，该区域可看作几个平面区域拼接而成，将可达工作空间分为两个区域。力触觉反馈系统工作过程中，力触觉反馈机构在 S_E 一侧运动，用户手部在 S_P 区域一侧运动，当用户进行操作时，机械臂末端所带简化控制面板上的相应控件和手部在 S_{CP} 区域内某点接触。为避免机械臂对手部正常运动产生干扰，保证人机交互的真实性和安全性，将力触觉反馈机构末端运动范围限制在 S_E 区域（称为有效工作空间），不允许进入 S_P 区域（称为禁止区域），用户手部和机械臂末端的所有接触均发生在控制面板区域 S_{CP} 内。三者关系为

$$S_{CP} \subset S_E \tag{6.8}$$

$$S_E + S_P = S_O \tag{6.9}$$

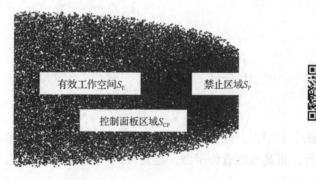

图 6.7

图 6.7　工作空间划分示意图（xOy 平面投影）

用户工作时，面向 x 轴负方向，因此，此处规定 x 轴正方向为前，x 轴负方向为后，y 轴正方向为右，y 轴负方向为左。

真实飞机座舱中的控制面板比较复杂，包括正前方的面板、侧面板、顶面板等，分布在驾驶员的各个方位。为简化问题，本书假设控制面板均为平面区域，考虑飞机座舱中正前方控制面板和左、右侧控制面板。

工作空间划分，首先需要确定控制面板所在的平面，然后根据控制面板平面将工作空间划分为三个区域。具体步骤见以下内容。

2. 控制面板平面确定

记三维空间中控制面板平面的表达式为

$$f_{cp}(\boldsymbol{p}) = 0 \tag{6.10}$$

前控制面板所在的平面（简称前平面）一般平行于 yOz 平面，本书允许其倾斜一定的角度，即与 yOz 平面夹角为 β，$\beta \in \left[0, \dfrac{\pi}{4}\right]$。侧控制面板所在平面（简称侧平面），一般平行于 xOz 平面，本书允许其倾斜一定的角度，右侧平面与 xOz 平面的夹角为 γ，$\gamma \in \left[0, \dfrac{\pi}{4}\right]$，左侧平面与右侧平面关于 xOz 平面对称。根据旋转角度可确定控制面板平面的具体表达式。

对于一组位姿状态 $\boldsymbol{\mathcal{X}} = (\boldsymbol{q}, \boldsymbol{p})$，如果末端执行器位置位于控制面板平面之内，且角度满足控制面板方向约束：

$$f_{cp}(\boldsymbol{p}) = 0 \tag{6.11}$$

$$g_{cp}(\boldsymbol{q}) < 0 \tag{6.12}$$

则该状态属于控制面板区域

$$\boldsymbol{\mathcal{X}} \in S_{CP} \tag{6.13}$$

首先确定右平面。注意，此处并非严格意义上的平面，而是存在一个很小的厚度的面板，将其近似看作平面。定义 N_{l1} 个平行近似平面簇：

$$\tan\gamma \cdot x - y + n_1 \cdot \mathrm{d}y \pm \mathrm{d}y = 0 \tag{6.14}$$

其中，n_1 为平面层数；dy 为近似平面的厚度，其计算公式为

$$dy = \frac{y_{max}}{N_{l1}} \tag{6.15}$$

其中，y_{max} 为可达工作空间点云中最大的 y 坐标值。

控制面板方向约束为

$$q^5 = q^1 + \left(\frac{\pi}{2} - \gamma\right) < q_{max}{}^5 \tag{6.16}$$

由于工作空间关于 xOz 平面对称，同理可得到如下左平面表达式：

$$\tan\gamma \cdot x + y + n_1 \cdot dy \pm dy = 0 \tag{6.17}$$

控制面板方向约束为

$$q^5 = q^1 + \left(-\frac{\pi}{2} + \gamma\right) > q_{max}{}^5 \tag{6.18}$$

然后确定前平面。将工作空间划分为 N_{l2} 个平行近似平面簇：

$$x - \tan\beta \cdot z - n_2 \cdot dx \pm dx = 0 \tag{6.19}$$

其中，n_2 为平面层数；dx 为近似平面的厚度，其计算公式为

$$dx = \frac{x_{max} - x_{min}}{N_{l2}} \tag{6.20}$$

其中，x_{max} 和 x_{min} 分别为可达工作空间点云中最大和最小的 x 坐标值。

控制面板方向约束为

$$q^4 = \beta - q^2 - q^3 \in \left[q_{min}{}^4, q_{max}{}^4\right] \tag{6.21}$$

取 $N_{l1} = 40$，$\gamma = \frac{\pi}{6}$，选取合适的 n_1 得到侧平面表达式。如图 6.8 所示，n_1 越大，侧平面越偏向工作空间外侧，侧平面点云密度越小，这是因为虽然机械臂末端可到达该空间位置，但是由于腕关节活动范围限制，末端方向难以达到要求的方向。而且，n_1 越大，侧平面内部点云越多，外部点云越少，即前平面可以取得的面积越大，但侧平面面积越小，且有效工作空间越小。综合上述因素，取 $n_1 = 5$。

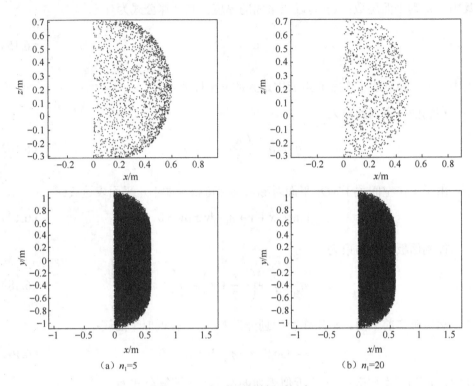

（a）$n_1=5$　　　　　　　　　　　（b）$n_1=20$

图 6.8　n_1 取不同值时侧面板点云

取 $N_{12}=20$，$\beta=0$，选取合适的 n_2 得到前平面表达式。如图 6.9 所示，n_2 较小时，前面板存在空腔，n_2 较大时，前面板空腔消失，且面积较大，侧面板较小，有效工作空间区域越大。综合考虑上述因素，取空腔消失的一层为前平面，即 $n_2=13$。

彩图 6.8

侧面板和前面板的有向工作空间如图 6.10 所示。可以看出，所提取的控制面板区域中所有状态的末端方向均垂直于控制面板平面，即力触觉反馈机构的末端到达控制面板平面上某一点时，其上所带的简化控制面板均位于控制面板平面内。

3. 三个区域确定

左右侧平面 S_s 将工作空间划分为侧平面内部区域和外部区域，分别记作 S_{si} 和

S_{se}，如图 6.11（a）所示，且满足

$$S_s \subset S_{se} \tag{6.22}$$

$$S_{si} + S_{se} = S \tag{6.23}$$

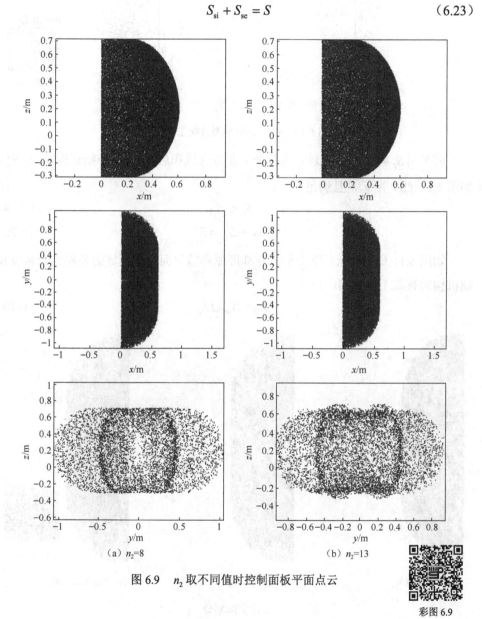

（a）$n_2 = 8$　　　　　　　　（b）$n_2 = 13$

图 6.9　n_2 取不同值时控制面板平面点云

彩图 6.9

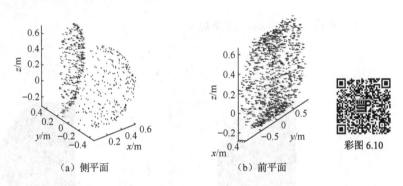

（a）侧平面 （b）前平面

图 6.10　控制面板平面有向工作空间

前平面 S_f 将工作空间划分为前平面前方区域和后方区域，分别记作 S_{ff} 和 S_{fb}，如图 6.11（b）所示，且满足

$$S_f \subset S_{fb} \tag{6.24}$$

$$S_{ff} + S_{fb} = S \tag{6.25}$$

如图 6.11（c）所示，取侧平面外部区域和前平面后方区域的并集为力触觉反馈机构的有效工作空间，记作

$$S_E = S_{se} \bigcup S_{fb} \tag{6.26}$$

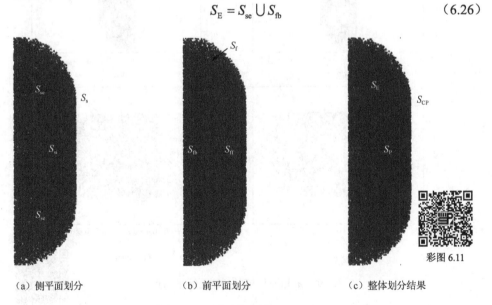

（a）侧平面划分 （b）前平面划分 （c）整体划分结果

图 6.11　工作空间划分

侧平面内部区域和前平面前方区域的交集为人手活动区域，也是力触觉反馈机构的禁止区域，记作

$$S_P = S_{si} \bigcap S_{ff} \tag{6.27}$$

分隔 S_E 和 S_P 的平面区域则为控制面板区域，记作 S_{CP}。

三个区域确定的过程如图 6.12 所示。

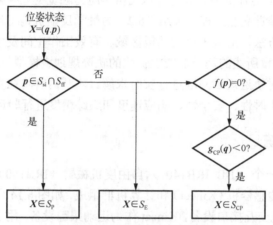

图 6.12　三个区域确定的过程

最终的工作空间划分结果如图 6.13 所示，绿色部分为有效工作空间区域，蓝色部分为人手活动区域，即机械臂活动的禁止区域。

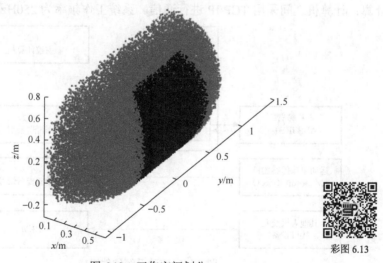

彩图 6.13

图 6.13　工作空间划分

6.3 基于实时轨迹规划的力触觉交互实验

在"6.1 基于实时轨迹规划的虚拟飞机座舱力触觉交互"构建的力触觉交互系统中,考虑力触觉交互过程,采用"6.2 力触觉反馈机构工作空间分析"所述的工作空间划分方法,提取出控制面板区域、有效工作空间及禁止区域,以此为基础建立第 2、3 章所述的基于非线性优化的轨迹规划族模型,并采用第 4、5 章所述的求解方法对轨迹规划问题进行实时求解。本节内容将在实时系统中进行实验,对人机交互实时性、安全性、响应速度和跟踪精度进行验证。

6.3.1 硬件系统

实验系统由一个 ABB IRB140 六自由度机械臂(IRB140)、一个 Microsoft Kinect 运动跟踪传感器机(Kinect)和计算机群组成,如图 6.14 所示。其中,Kinect 和 IRB140 为人机交互接口设备,Kinect 作为运动跟踪设备,用于采集手部运动数据;机械臂作为力触觉反馈机构,用于为用户提供力感和触感。系统采用分布式结构,每个人机交互接口设备与一台计算机连接,用于处理该设备的数据,与该设备进行双向通信;所有计算机与一台主控计算机连接,用于数据的汇总和综合计算;计算机之间采用 TCP/IP 进行通信。系统工作频率为 250Hz。

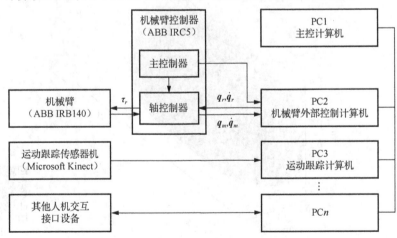

图 6.14 实验系统硬件组成

其中，IRB140 的控制器以 ABB IRC5 控制器为基础，在主控制器和轴控制器中间插入一个外部控制计算机，采用隆德大学（Lund University）开发的外部控制库[4]，可通过外部计算机计算关节运动指令，输入轴控制器产生电机控制指令来控制机械臂，还可以接收机械臂实际运行状态数据反馈给外部控制计算机。外部控制计算机装有 Linux 实时系统，通过 Simulink 编写外部控制程序，并通过 Simulink Real Time Workshop（可移植和可定制的 ANSI C 代码）编译程序。

6.3.2　实验系统程序流程

实验系统程序流程如图 6.15 所示，实验过程中，首先采集手部运动信号，得到手部当前位置和速度，据此进行目标预测，确定机械臂轨迹规划的目标，然后对机械臂进行轨迹规划，使机械臂跟踪手部运动。此过程中包含手部运动跟踪、目标预测和轨迹规划与生成三个主要模块。

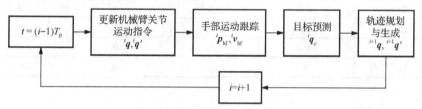

图 6.15　实验系统程序流程

（1）手部跟踪预测。手部运动过程中，采用 Kinect 采集手部位置 $\boldsymbol{p}_{\mathrm{h}} = (x_h, y_h, z_h)$，更新周期 T_{p} 为 4ms，记第 i 个周期的手部位置为 ${}^{i}\boldsymbol{p}_{\mathrm{h}}$。采集到的手部运动数据存在大量噪声，会对后续的目标预测精度造成影响，进而影响机械臂跟踪手部运动的精度和实时性。因此，对采集到的手部运动信号通过卡尔曼滤波器和低通滤波器进行滤波处理：

$$ {}^{i}\boldsymbol{p}_{\mathrm{hf}} = \mathbf{filter}\left({}^{i}\boldsymbol{p}_{\mathrm{h}}, {}^{i-1}\boldsymbol{p}_{\mathrm{h}} \right) \tag{6.28} $$

手部运动速度通过当前位置和上一周期位置确定。在第 i 个周期，手部位置为 ${}^{i}\boldsymbol{p}_{\mathrm{h}}$，速度为

$$ {}^{i}\boldsymbol{v}_{\mathrm{h}} = \frac{{}^{i}\boldsymbol{p}_{\mathrm{hf}} - {}^{i-1}\boldsymbol{p}_{\mathrm{hf}}}{T_{\mathrm{p}}} \tag{6.29} $$

对速度进行滤波处理：

$$ {}^{i}\boldsymbol{v}_{\mathrm{hf}} = \mathbf{filter}\left({}^{i}\boldsymbol{v}_{\mathrm{h}}, {}^{i-1}\boldsymbol{v}_{\mathrm{h}} \right) \tag{6.30} $$

最终得到第 i 个周期手部运动位置 ${}^i\boldsymbol{p}_{hf}$ 与速度 ${}^i\boldsymbol{v}_{hf}$。

（2）目标预测。根据手部当前运动位置与速度，预测人将要操作的位置，即交互点位置。

首先，对 ABB IRB140 机械臂工作空间进行分析，并采用"3.3 非凸优化模型转化"中的方法提取控制面板、有效工作空间和禁止区域。ABB IRB140 机械臂连杆参数如表 6.2 所示，其可达工作空间如图 6.16 中点云所示。在其中提取一个垂直于 y 轴的平面区域作为控制面板区域，如图 6.16 中红色点云所示。

表 6.2　ABB IRB140 机械臂连杆参数

杆件	扭转角/rad	杆长/m	关节角/rad	横距/m
L1	$-\pi/2$	0.07	q_1	0.325
L2	0	0.36	q_2	0
L3	$-\pi/2$	0	q_3	0
L4	$\pi/2$	0	q_4	0.38
L5	$-\pi/2$	0	q_5	0
L6	0	0	q_6	0.065

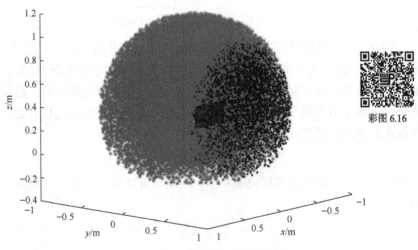

彩图 6.16

图 6.16　ABB IRB140 机械臂工作空间划分
（红色：控制面板区域；绿色：有效工作空间；蓝色：禁止区域）

采用距离最短方法确定目标点位置，在每个周期，选取控制面板区域中距离手部最近的点作为预测交互点。当用户手部不运动时，手部不是完全静止的，可能会存在微小的抖动，且采集的手部运动信号存在噪声，会造成机械臂抖动。因此，设置一个速度阈值 V_{h}，当手部运动速度大于该阈值时，更新预测交互点；否则，预测交互点不变。由于控制面板区域垂直于 y 轴，则第 i 个周期的预测交互点为

$$
{}^{i}\boldsymbol{p}_{\mathrm{c}} =
\begin{cases}
({}^{i}x_{\mathrm{h}}, y_{\mathrm{CP}}, {}^{i}z_{\mathrm{h}}), & \left|{}^{i}\boldsymbol{v}_{\mathrm{hf}}\right| > V_{\mathrm{h}} \\
{}^{i-1}\boldsymbol{p}_{\mathrm{c}}, & \left|{}^{i}\boldsymbol{v}_{\mathrm{hf}}\right| \leq V_{\mathrm{h}}
\end{cases}
\tag{6.31}
$$

其中，y_{CP} 为控制面板区域的 y 轴坐标值。

最后，通过解算逆运动学得到预测交互点对应的目标位形

$$
{}^{i}\boldsymbol{q}_{\mathrm{c}} = \mathrm{IK}\left({}^{i}\boldsymbol{p}_{\mathrm{c}}\right)
\tag{6.32}
$$

（3）轨迹规划与轨迹生成。在第 i 个周期，将上一周期计算得到的关节位置和速度作为本周期轨迹规划的初始值，将预测的交互位形作为目标位形。采用"4.3　基于多元多重回归的初值学习"中的运动学非线性优化模型对轨迹规划问题进行建模，然后用本章解耦近似算法对问题进行解算，得到轨迹参数：

$$
{}^{i}\boldsymbol{C} = O\left({}^{i}\boldsymbol{q}, {}^{i}\dot{\boldsymbol{q}}, {}^{i}\boldsymbol{q}_{\mathrm{c}}\right)
\tag{6.33}
$$

则下一周期的关节位置和速度为

$$
{}^{i+1}\boldsymbol{q} = \boldsymbol{q}\left({}^{i}\boldsymbol{C}, T_{\mathrm{p}}\right)
\tag{6.34}
$$

$$
{}^{i+1}\dot{\boldsymbol{q}} = \frac{{}^{i+1}\boldsymbol{q} - {}^{i}\boldsymbol{q}}{T_{\mathrm{p}}}
\tag{6.35}
$$

6.3.3　实验方案与实验结果

用户位于机械臂前，移动手部至控制面板上某点，然后移动手部至控制面板上另外一点，重复这一过程，手部在多个目标点之间移动，考察机械臂运动情况。其中，人与机械臂相互接近和进行交互的状态如图 6.17 所示。

手部与末端执行器在任务空间的轨迹如图 6.18 所示。可以看出，在 x 和 z 方向，机械臂跟踪手部运动，响应时间较短，基本可以达到与手部运动同步，实现实时、精确的跟踪。在 y 方向上，由于手部连续运动，系统以较高的频率检测手部运动并更新预测交互点，预测的交互点近似连续变化，因此，末端执行器始终在距离控制面板很近的区域内运动；而且，末端执行器始终在有效工作空间内运

行，从未超过控制面板区域到达禁止区域，因此，人机交互安全性得到保证。手部到达控制面板区域中的目标点时，末端执行器也到达该点，与手部接触，提供力触觉反馈。

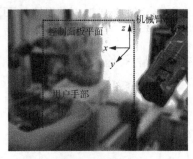 

（a）接近状态　　　　　　　　　　（b）交互状态

图 6.17　实验系统

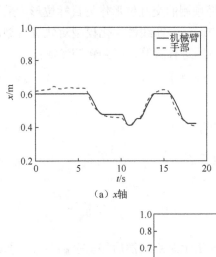 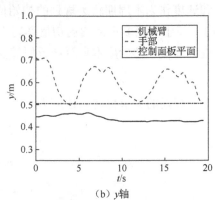

（a）x轴　　　　　　　　　　　　　（b）y轴

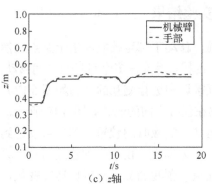

（c）z轴

图 6.18　任务空间轨迹

机械臂关节空间的位置和速度如图 6.19 所示。图 6.19（a）中，虚线表示输入的目标位置，实线表示测量的实际运行位置。可以看出，机械臂可以快速、精确地跟踪运动指令。目标位置发生变化时，机械臂能够进行迅速的响应。在整个过程中，机械臂运动轨迹较为平滑。

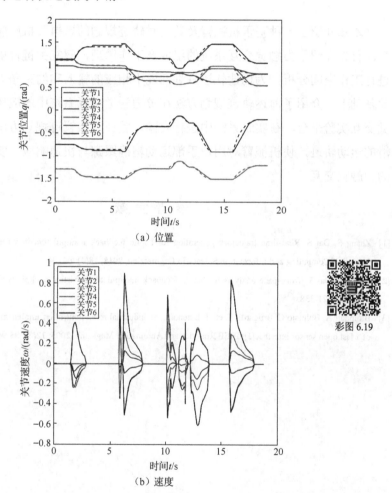

彩图 6.19

图 6.19　关节空间轨迹

综上所述，采用本章所述方法，可以实现机械臂精确、实时跟踪人手部的运动，并对意图变化进行快速响应，实现机械臂与人实时、安全的交互，为虚拟飞机座舱中的力触觉交互提供基础。

6.4　本　章　小　结

本章介绍了一种基于机械臂及其实时轨迹规划的虚拟飞机座舱力触觉交互系统。首先介绍了力触觉交互系统的组成及工作原理，建立关键性能指标，并对其进行工作空间分析，为构建轨迹规划问题中相应的输入和约束条件提供基础。在此基础上，介绍了前述轨迹规划方法在该力触觉交互系统中的应用，建立了力触觉交互实验平台，在实时系统中进行实验，验证了该轨迹规划方法可实时生成平滑的运动轨迹，使机械臂对用户手部运动精确跟踪与快速响应，实现安全、迅速的力触觉交互。

参 考 文 献

[1] Zhang S, Dai S. Real-time trajectory generation for haptic feedback manipulators in virtual cockpit systems[J]. Journal of Computing and Information Science in Engineering, 2018, 18(4): 041015.

[2] Zhang S, Dai S. Workspace analysis for haptic feedback manipulator in virtual cockpit system[J]. Virtual Reality, 2018, 22: 321-338.

[3] Blomdell A, Bolmsjo G, Brogardh T, et al. Extending an industrial robot controller: implementation and applications of a fast open sensor interface[J]. IEEE Robotics and Automation Magazine, 2005, 12(3): 85-94.

第7章 不确定性环境下多机器人系统实时运动协调

多机器人运动协调问题（multi-robot motion coordination）是实现多个机器人在共享工作空间中安全、高效协作的关键问题。机械臂具有串联结构且自由度较高，单个机械臂的轨迹优化问题已具有较高的计算复杂性，多机械臂之间的耦合使得协调轨迹规划问题更加复杂。除了满足确保任务完成、避免彼此之间的干涉、提升协调运动效率的基本需求外，还须实现对不确定性因素的实时响应和扩展到大规模机械臂组使得该问题更具挑战性。本章介绍一种针对给定目标的多个机械臂运动协调方法，通过有效减少搜索空间和局部轨迹实时重新规划实现在线运动协调和拓展至大规模机械臂组的能力。

7.1 共享工作空间多机械臂运动协调问题

本章重点考虑具有以下特征（feature）的问题[1]：

F1. 机器人类型为串联机器人（机械臂）；

F2. 多机器人系统由两个或多个机器人组成；

F3. 不同机器人的运动不一定同步进行规划（由于任务不一定同时给定、任务执行时间不一定能够提前预知）；

F4. 在任务执行过程中可能会发生导致机器人停止、延迟或偏离计划轨迹的意外事件；

F5. 环境比较简单，多数情况下为静态；

F6. 生产率是一个关键指标，希望在尽可能短的时间内完成尽可能多的任务。

多机器人运动协调问题即求解多机械臂协调运动轨迹，使这些机械臂高效、无干涉地运动至目标位置。上述问题特征对运动协调方法提出以下四个要求（requirement）：

R1. 多个机械臂可在共享工作空间内无碰撞运动；

R2. 最小化任务完成时间；

R3. 机械臂可在线调整其运动；

R4. 可扩展至包含较多数量机械臂的系统。

这些要求使得求解多个机械臂的协调运动轨迹具有挑战性。一方面，机械臂具有串联结构，自由度较高且运动学模型较复杂，单个机械臂的轨迹优化问题已经具有较高的计算复杂性；为多个机械臂规划协调运动轨迹时，机械臂之间的耦合使得问题更加复杂。另一方面，为了实现对运动进行在线调整，要求非常快的计算速度。

考虑上述问题特征与要求，建立具体多机械臂运动协调问题模型。考虑几个机械臂在共享工作空间中协同完成一系列独立任务。为完成每个任务，机械臂首先从现有位形运动到目标位形，然后于目标位形执行相应任务。该问题须解决的主要挑战为求解可行、时间效率高的协同运动轨迹，在机械臂运动状态不确定的情况下避免多机械臂之间的碰撞。

根据前述应用特点，对机器人和环境做出如下假设（assumption）：

A1. 机器人为串联机器人（机械臂），由多个通过旋转关节或移动关节串联连接的刚性连杆组成[2]；

A2. 环境相对简单，可通过约束关节运动范围和末端执行器工作空间避免与环境的碰撞；

A3. 机器人运动开始时间不可预测；

A4. 机器人运动速度不可预测。

本章解决针对已知任务分配的点到点协调轨迹规划问题。N_r 个机器人在共享工作空间中，须从各自的初始状态运动至目标，如图 7.1 所示。对于每个机器人，初始状态由关节空间初始位置 ^0q 和初始速度 $^0\dot{q}$ 确定，目标由关节空间目标位置

^fq 确定。问题为求解多机械臂协调轨迹，保证可行性和安全性，优化运动效率，且具有在线反应能力。关键性能要求如下：

（1）可行：机械臂可以从初始状态运动至目标状态，满足运动学与动力学约束；

（2）安全：机械臂运动过程中彼此之间不会产生碰撞；

（3）高效：机械臂在尽量短的时间内运动至目标；

（4）具备在线反应能力：可在线调整轨迹以对其他机械臂不可预测的运动状态（运动开始时间及运动速度）进行反应。

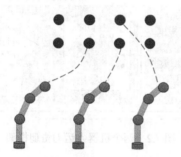

图 7.1　多机械臂点到点运动

7.2　双机械臂运动协调方法

7.2.1　基于轨迹规划的解耦式运动协调

本节介绍双机械臂运动协调方法，其主要思想为将复杂的耦合问题分解为多个相对简单的子问题，包括将高维多机械臂运动规划问题解耦为多个单机械臂规划问题，将协调运动规划问题分解为离线碰撞检测和在线轨迹重新规划。

对于给定目标，协调运动规划包含三个过程：初始轨迹规划、协调策略确定和轨迹重新规划，如图 7.2 所示。首先，分别考虑每个机械臂，规划一条从初始位形运动至目标位形的轨迹。然后，沿轨迹提取一系列样本位形作为一对路径，并沿该路径进行碰撞检测，得到一个包含全局协调信息的碰撞矩阵。通过对碰撞矩阵进行分析，可确定是否存在可行协调轨迹（保证所有机械臂均能无碰撞地到达目标位置的轨迹）。如果可行解存在，潜在的碰撞可通过轨迹规划来避免，即无须改变路径，仅调整沿原有路径运行的速度。通过分析碰撞矩阵，可确定用于碰撞避免的机械臂运动优先级排序，并据此对轨迹进行重新规划，得到可行协调轨迹（图 7.2 中的蓝色实线）。若可行解不存在，在有一系列任务需要执行的情况下，将触发更上层的任务分配过程来更改任务与机器人的分配关系或更改任务顺序（图 7.2 中的红色虚线）。

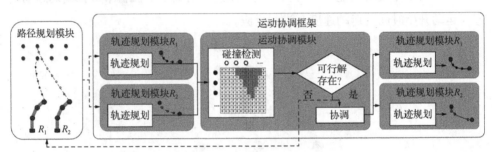

图 7.2 两个机器人运动协调框架

未对任务分配过程做出任何假设，可以是操作员手动分配或采用某种任务分配算法（如第 8 章介绍的在线任务分配方法）。本章介绍的运动协调方法可作为任务分配过程中的一个模块，对各任务分配方案进行评估。任务完成时间还取决于任务分配方法，以及其目标与约束条件。

彩图 7.2

该方法的特点包括以下两个方面。

1. 通过轨迹规划实现运动协调

初始路径通过沿时间最优轨迹提取一系列样本来得到（详见"7.2.2 时间最优轨迹规划"）。如果该路径下无法得到无干涉的运动轨迹，不重新规划运行至该目标的路径，而是切换任务目标，并采用相同的时间最优轨迹规划方法获取路径，直至找到无干涉运动轨迹。避免路径规划，采用轨迹规划，有如下三个方面的原因。

（1）串联机器人结构复杂，路径规划的计算成本高，且重新规划路径依然无法保证存在可行解。

（2）轨迹规划计算成本低[3]。当任务较多时，可以通过减少对每个任务运动规划的时间来提高总体任务完成效率。此外，时间最优轨迹是移动至目标时间效率最高的方式。尤其是对于需要快速行动的应用，这一特点更为关键，如使用传送带进行拾取和放置。时间最优轨迹还可作为求解多机器人高效协调轨迹的初始化方法。

（3）在实际任务中，往往不希望出现多个机器人聚集在较小区域中，须遵循复杂路径来避免相互之间碰撞的情形。重新分配任务可以避免这一情况。由于易于计算、时间效率高，时间最优轨迹规划非常适合用作上层任务分配问题的过程附件（procedural attachment）[4]，以对各任务分配方案进行评估，以及生成用于实际运行的运动轨迹。

2. 离线—在线过程分解

该方法将运动协调问题分解为离线和在线过程。此处，离线计算表示在实际运动执行之前完成全部计算，在线表示在运动过程中进行计算。沿初始路径的碰撞检测为离线进行，确保从全局角度存在可行协调轨迹。轨迹重新规划可以离线计算，也可以在线计算。这种离线—在线分解基于如下两个方面的原因。

（1）碰撞检测计算较为复杂，难以实时计算。轨迹规划可以在一个控制周期内完成。

（2）在许多实际应用中，如地下采矿钻孔任务、制造业中的装配任务等，环境相对简单且多为静态，而机器人运动执行时间是不确定的。因此，离线路径规划可以满足需求，问题的关键在于在线避免机器人之间的碰撞，这可以通过轨迹重新规划来实现。

下面介绍上述运动协调方法中的两个关键组成部分：局部轨迹规划模块（"7.2.2　时间最优轨迹规划"）和集中运动协调模块（"7.2.3　碰撞区域表示""7.2.4　优先级顺序及阻塞情况确定"）。运动协调模块作为连接各机器人独立轨迹规划模块的桥梁，处理全局信息、进行所有需要考虑全部机器人的计算。因此，轨迹重新规划可以通过解耦的方式进行。局部轨迹规划模块保证在线运行所需的性能。在"7.2.5　协调轨迹重新规划"中，将介绍基于该轨迹规划模块的三种轨迹重新规划实现方法。

7.2.2　时间最优轨迹规划

时间最优轨迹是在保证运动学约束条件满足的情况下，使机器人以最短时间从初始状态运动至目标状态的轨迹。采用时间最优轨迹可以提高生产效率，因此广泛应用于工业生产。本节介绍一种时间最优点到点轨迹规划方法。

考虑具有 N_j 个自由度机械臂的点到点轨迹规划问题。机械臂位形空间表示为 $q = \left(q^1, q^2, \cdots, q^{N_j} \right)$，其中 q^j 表示第 j 个关节的位置。轨迹由一组参数 $C \in \mathbb{R}^{N_c}$ 确定。关节位置、速度、加速度分别表示为 $q(C,t) \in \mathbb{R}^{N_j}$、$\dot{q}(C,t) \in \mathbb{R}^{N_j}$ 和 $\ddot{q}(C,t) \in \mathbb{R}^{N_j}$，其中 $t \in \mathbb{R}$ 表示时间。

本节选取速度梯形曲线（见"2.2　机械臂轨迹规划"）作为轨迹模型。

对于 N_j 个自由度机械臂，所有关节同步运行，即具有相同的总运动时间，表示为 t_f。采用"3.3　非凸优化模型转化"中的独立参数选取方法，将轨迹参数表示为一个 $\left(N_j + 1 \right)$ 维参数：

$$C = \left(\omega_m^{\ 1}, \omega_m^{\ 2}, \cdots, \omega_m^{\ N_j}, t_f \right) \in \mathbb{R}^{N_j + 1} \tag{7.1}$$

其中，$\omega_m^{\ j}$ 表示第 j 个关节的梯形速度曲线（TVP）匀速段运行速度。

根据 TVP 等式约束，每个关节的加速度可由 C 中的参数表示：

$$\frac{1}{2} \left({}^0\dot{q}^j + \omega_m^{\ j} \right) \frac{\omega_m^{\ j} - {}^0\dot{q}^j}{a^j} + \frac{1}{2} \omega_m^{\ j} \left(t_f - \frac{\omega_m^{\ j} - {}^0\dot{q}^j}{a^j} \right) = {}^f q^j, \quad j = 1, 2, \cdots, N_j \tag{7.2}$$

式（7.2）可保证机器人在 ${}^f q$ 停止运行。

轨迹参数 X 由输入变量 $X = \left({}^0q, {}^0\dot{q}, {}^f q \right)$ 确定，其中 ${}^0q$、${}^0\dot{q}$、${}^f q$ 分别表示当前位置、当前速度和目标位置。

轨迹规划问题为求解从 X 到 C 的映射关系 f_{TP}，最小化总运动时间 t_f，同时满足运动学约束：

$$C = f_{\mathrm{TP}}(X):$$

$$\min t_f \quad \text{s.t.} \quad 0 \leqslant \omega_m^{\ j} \leqslant \omega_{\max}^{\ j}, \ 0 \leqslant a^j \left(\omega_m^{\ j}, t_f \right) \leqslant a_{\max}^{\ j} \tag{7.3}$$

其中，$\omega_{\max}^{\ j}$ 和 $a_{\max}^{\ j}$ 分别表示第 j 个关节的最大允许速度和加速度。

采用"5.2 轨迹优化模型关节解耦"介绍的关节解耦方法对该轨迹规划问题进行高效求解,将该 $N_j + 1$ 维轨迹规划问题分解为 N_j 个二维子问题,每个子问题针对一个关节,各子问题可以解析求解。轨迹的快速求解可实现在线轨迹重新规划,见"7.2.3 碰撞区域表示"。

本章解决的主要问题是生成运动学可行、无干涉且时间最优的运动。当最大化运动速度时,须考虑运动学约束,使机器人能够避让其他机器人,且能够在目标位形及时停止运动。而且,计算速度须足够快,以在线应对其他机器人不确定的运动状态。

7.2.3 碰撞区域表示

运动协调过程包括碰撞检测、阻塞情况及优先级判断,并据此更新每个机器人轨迹规划问题的参数。

1. 空间简化

碰撞区域表示工作空间或位形空间中机器人之间可能发生碰撞的区域,其表示及边界提取是多机器人运动协调问题中的一个关键问题。机械臂为串联结构,各连杆通过关节串联组成,碰撞区域在任务空间和关节空间的表示和提取均比较困难。为了表示碰撞区域并协助轨迹规划,本节内容引入 5 个用于运动协调的空间。

复合位形空间定义为机器人 R_1 和 R_2 的复合位形空间,包含两个机器人工作空间中所有可能的位形组合,具有 $N_{j1} + N_{j2}$ 维:

$$\mathbb{C}_{CC} = \{ \left(q_1^1, \cdots, q_1^{N_{j1}}, q_2^1, \cdots, q_2^{N_{j2}} \right), \ q_{\min 1}^j \leqslant q_1^j \leqslant q_{\max 1}^j, q_{\min 2}^j \leqslant q_2^j \leqslant q_{\max 2}^j \} \quad (7.4)$$

$$\mathbb{C}_{CC} \in \mathbb{R}^{N_{j1} + N_{j2}} \quad (7.5)$$

其中, N_{j1} 和 N_{j2} 分别表示机器人 R_1 和 R_2 的自由度。

由于 $\mathbb{C}_{CC}$ 维度高且包含无穷个元素,难以处理,为了高效进行沿特定路径的碰撞检测,通过限定路径、离散化等方法,将 $\mathbb{C}_{CC}$ 简化为 4 个更具有较低维度、包含较少元素的空间。结合应用这些空间可以实现高效的碰撞检测,将碰撞空间可视化，并为碰撞避免轨迹规划提供指导。5 个空间之间的关系如图 7.3 所示，其性质在表 7.1 中总结。

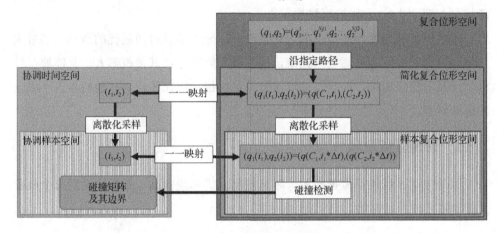

图 7.3　5 个空间之间的关系

表 7.1　5 个空间性质总结

属性	复合位形空间	简化复合位形空间	样本复合位形空间	协调时间空间	协调样本空间
符号表示	$\mathbb{C}_{CC}$	$\mathbb{C}_{RCC}$	$\mathbb{C}_{SCC}$	$\mathbb{C}_{CoordT}$	$\mathbb{C}_{CoordS}$
坐标	$(\boldsymbol{q}_1, \boldsymbol{q}_2)$	$(\boldsymbol{q}_1, \boldsymbol{q}_2)$	$(\boldsymbol{q}_1, \boldsymbol{q}_2)$	(t_1, t_2)	(i_1, i_2)
维度	$N_{J1} + N_{J2}$	$N_{J1} + N_{J2}$	$N_{J1} + N_{J2}$	2	2
连续性	连续	连续	离散	连续	离散
对应轨迹/路径	—	轨迹	路径	轨迹	路径

为了高效进行沿特定轨迹的碰撞检测，引入简化复合位形空间，表示为 $\mathbb{C}_{RCC}$。该空间是 $\mathbb{C}_{CC}$ 的一个子空间，仅包含由轨迹参数 $\boldsymbol{C}_1$ 和 $\boldsymbol{C}_2$ 确定的路径中的位形：

$$\mathbb{C}_{RCC} \subset \mathbb{C}_{CC} \tag{7.6}$$

$$\mathbb{C}_{RCC} = \{(\boldsymbol{q}_1, \boldsymbol{q}_2) \mid \boldsymbol{q}_1 = \boldsymbol{q}(\boldsymbol{C}_1, t_1), \boldsymbol{q}_2 = \boldsymbol{q}(\boldsymbol{C}_2, t_2), 0 \leqslant t_1 \leqslant t_{f1}, 0 \leqslant t_2 \leqslant t_{f2}\} \tag{7.7}$$

其中，$\boldsymbol{q}_1$、$\boldsymbol{q}_2$ 的数学表达式为

$$\boldsymbol{q}_1 = \left(q_1^1, \cdots, q_1^{N_{J1}}\right), \quad \boldsymbol{q}_2 = \left(q_2^1, \cdots, q_2^{N_{J2}}\right) \tag{7.8}$$

其中，t_1 和 t_2 分别是机器人 R_1 和 R_2 运动的时间变量；t_{f1} 和 t_{f2} 分别是机器人 R_1 和 R_2 的总运动时间（由轨迹参数 $\boldsymbol{C}_1$ 和 $\boldsymbol{C}_2$ 确定）。

为了进一步简化复合位形空间，使其仅包含有限数量的元素，对 $\mathbb{C}_{\mathrm{RCC}}$ 进行离散化，得到样本复合位形空间 $\mathbb{C}_{\mathrm{SCC}}$：

$$\mathbb{C}_{\mathrm{SCC}} \subset \mathbb{C}_{\mathrm{RCC}} \tag{7.9}$$

进一步，为了将碰撞区域直观地在二维空间中表示，并用于轨迹重新规划，引入两个二维空间。

协调时间空间 $\mathbb{C}_{\mathrm{CoordT}}$ 表示两个机器人的复合运动时间：

$$\mathbb{C}_{\mathrm{CoordT}} = \{(t_1, t_2) \mid 0 \leqslant t_1 \leqslant t_{f1}, 0 \leqslant t_2 \leqslant t_{f2}\} \tag{7.10}$$

$$\mathbb{C}_{\mathrm{CoordT}} \subset \mathbb{R}^2 \tag{7.11}$$

$\mathbb{C}_{\mathrm{RCC}}$ 和 $\mathbb{C}_{\mathrm{CoordT}}$ 之间为一一映射关系，通过指定沿轨迹 $\boldsymbol{q}(\boldsymbol{C}_1, t_1)$ 和 $\boldsymbol{q}(\boldsymbol{C}_2, t_2)$ 运行的时间 t_1 和 t_2，可得到 $\mathbb{C}_{\mathrm{CC}}$ 中的位形：

$$(\boldsymbol{q}_1, \boldsymbol{q}_2) = \boldsymbol{f}_c(t_1, t_2) = (\boldsymbol{q}(\boldsymbol{C}_1, t_1), \boldsymbol{q}(\boldsymbol{C}_2, t_2))$$

$$\boldsymbol{f}_c : \mathbb{R}^2 \mapsto \mathbb{R}^{N_{J1}} \times \mathbb{R}^{N_{J2}} \tag{7.12}$$

反之亦然：

$$(t_1, t_2) = \boldsymbol{f}_c^{-1}(\boldsymbol{q}_1, \boldsymbol{q}_2) \tag{7.13}$$

通过对时间变量离散化，采样间隔为 Δt，得到协调样本空间：

$$\mathbb{C}_{\mathrm{CoordS}} \subset \mathbb{N}^2 \tag{7.14}$$

$$\mathbb{C}_{\mathrm{CoordS}} = \{(i_1, i_2) \mid 1 \leqslant i_1 \leqslant N_{s1}, 1 \leqslant i_2 \leqslant N_{s2}\} \tag{7.15}$$

其中，i_1 和 i_2 分别为机器人 R_1 和 R_2 路径中的样本序号，N_{s1} 和 N_{s2} 分别为机器人 R_1 和 R_2 路径中的样本总数量：

$$N_{s1} = t_{f1} / \Delta t, \ N_{s2} = t_{f2} / \Delta t \tag{7.16}$$

类似地，$\mathbb{C}_{\mathrm{SCC}}$ 和 $\mathbb{C}_{\mathrm{CoordS}}$ 之间为一一映射关系，可通过指定样本序号求解位形，

$$\boldsymbol{f}_d : \mathbb{N}^2 \mapsto \mathbb{R}^{N_{J1}} \times \mathbb{R}^{N_{J2}}$$

$$(\boldsymbol{q}_1, \boldsymbol{q}_2) = f_d(i_1, i_2) = (\boldsymbol{q}(\boldsymbol{C}_1, i_1 * \Delta t), \ \boldsymbol{q}(\boldsymbol{C}_2, i_2 * \Delta t)) \tag{7.17}$$

反之亦然：

$$(i_1, i_2) = f_d^{-1}(q_1, q_2) \tag{7.18}$$

$\mathbb{C}_{\text{SCC}}$ 中样本数目取决于 Δt 的选择。选择较小的 Δt 可得到较大的 $\mathbb{C}_{\text{SCC}}$，进行碰撞检测时需要较多的计算量，可得到较精确的碰撞区域边界。需要注意的是，Δt 选取不需与控制周期等同（一般大于控制周期）。

由于整个复合位形空间 $\mathbb{C}_{\text{CC}}$ 维度较高且包含无穷个元素，在其中进行碰撞检测比较困难。通过将机器人的运动限定于特定路径并沿路径进行样本提取，简化为 $\mathbb{C}_{\text{SCC}}$，仅包含 $N_{s1} \cdot N_{s2}$ 个样本。然后进一步将运动进程在二维空间中表示（$\mathbb{C}_{\text{CoordT}}$ 和 $\mathbb{C}_{\text{CoordS}}$），将碰撞区域及其边界表示维度由 $N_{J1} + N_{J2}$ 维的 (q_1, q_2) 降低至二维的 (t_1, t_2) 或 (i_1, i_2)，可大幅降低计算量，且可以更直观地表示。通过 $\mathbb{C}_{\text{SCC}}$ 和 $\mathbb{C}_{\text{CoordT}}$ 之间的映射，可协助进行无干涉且运动学可行的协调轨迹规划。

2. 协调样本空间中的碰撞检测

采用一个近似模型来表示机械臂的几何形状。关节和连杆分别近似表示为球体和圆柱体。通过检查任务空间中两个机械臂每对连杆之间的最小距离，判断机器人 R_1 和 R_2 分别在位形 q_1 和 q_2 时是否存在空间上的交叠。

通过在 $\mathbb{C}_{\text{CoordS}}$ 中应用该碰撞检测方法，可以检查一对路径之间是否存在碰撞。令机器人 R_1 和 R_2 的路径分别为 $Q_1 = \left({}^1q_1, {}^2q_1, \cdots, {}^{N_{s1}}q_1 \right)$ 和 $Q_2 = \left({}^1q_2, {}^2q_2, \cdots, {}^{N_{s1}}q_2 \right)$，检查每对位形 ${}^{i_1}q_1$ 和 ${}^{i_2}q_2$ 之间是否存在干涉，用以下函数表示：

$$y(i_1, i_2) = \begin{cases} 1, & \text{如果}\,{}^{i_1}q_1\text{和}\,{}^{i_2}q_2\text{存在干涉} \\ 0, & \text{如果}\,{}^{i_1}q_1\text{和}\,{}^{i_2}q_2\text{不存在干涉} \end{cases} \tag{7.19}$$

碰撞检测结果表示为一个碰撞矩阵：

$$M_c = \left(y(i_1, i_2) \right)_{N_{s1} \times N_{s2}} \tag{7.20}$$

其中，第 i_1 行表示机器人 R_1 的样本位形，第 i_2 列表示机器人 R_2 的样本位形，如图 7.4 所示。

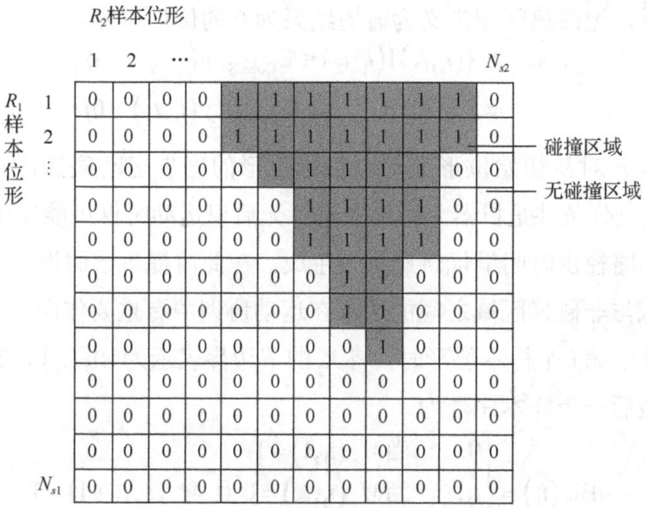

R_2样本位形

R_1样本位形	1	2	...									N_{s2}
1	0	0	0	0	1	1	1	1	1	1	1	0
2	0	0	0	0	1	1	1	1	1	1	1	0
⋮	0	0	0	0	0	1	1	1	1	1	0	0
	0	0	0	0	0	0	1	1	1	1	1	0
	0	0	0	0	0	0	1	1	1	1	0	0
	0	0	0	0	0	0	0	1	1	0	0	0
	0	0	0	0	0	0	0	1	1	0	0	0
	0	0	0	0	0	0	0	0	1	0	0	0
	0	0	0	0	0	0	0	0	0	0	0	0
	0	0	0	0	0	0	0	0	0	0	0	0
	0	0	0	0	0	0	0	0	0	0	0	0
N_{s1}	0	0	0	0	0	0	0	0	0	0	0	0

碰撞区域

无碰撞区域

图 7.4　两个机器人的碰撞矩阵

由 $\mathbb{C}_{\text{CoordS}}$ 中的碰撞结果，可近似得到 $\mathbb{C}_{\text{CoordT}}$ 空间中保守的连续碰撞结果。考虑点 (t_1, t_2)，如果其在碰撞矩阵中任一接近样本结果为碰撞（值为 1），则认为在 (t_1, t_2) 存在碰撞：

$$y(t_1, t_2) = \max\left(y\left(\frac{t_1}{\Delta t}, \frac{t_2}{\Delta t}\right), y\left(\frac{t_1}{\Delta t}, \frac{t_2}{\Delta t}\right), y\left(\frac{t_1}{\Delta t}, \frac{t_2}{\Delta t}\right), y\left(\frac{t_1}{\Delta t}, \frac{t_2}{\Delta t}\right) \right) \quad (7.21)$$

这保证了所有规划协调轨迹时考虑所有可能存在的碰撞。

3. 几何表示

空间 $\mathbb{C}_{\text{CoordS}}$、$\mathbb{C}_{\text{CoordT}}$ 和碰撞矩阵 $\boldsymbol{M}_c$，可以看作机器人沿其路径运行时可能发生碰撞情况的二维几何表示。基于此，定义碰撞区域、无碰撞区域，以及它们的边界。这些概念用于判断多机器人同时运动的可行性，并调节机械臂在共享工作空间的运动进程。

碰撞区域定义为碰撞结果为 1 的位形对的集合：

$$\mathbb{C}_{S_c} = \left\{ (i_1, i_2) \mid (i_1, i_2) \in \mathbb{C}_{\text{CoordS}}, y(i_1, i_2) = 1 \right\} \quad (7.22)$$

$$\mathbb{C}_{T_c} = \left\{ (t_1, t_2) \mid (t_1, t_2) \in \mathbb{C}_{\text{CoordT}}, y(t_1, t_2) = 1 \right\} \quad (7.23)$$

与之相反，无碰撞区域定义为碰撞结果为 0 的位形对的集合：

$$\mathbb{C}_{S_f} = \{(i_1, i_2) \mid (i_1, i_2) \in \mathbb{C}_{\text{CoordS}}, y(i_1, i_2) = 0\} \tag{7.24}$$

$$\mathbb{C}_{T_f} = \{(t_1, t_2) \mid (t_1, t_2) \in \mathbb{C}_{\text{CoordT}}, y(t_1, t_2) = 0\} \tag{7.25}$$

此处假设一对从初始位形运动至目标位形的同步运动碰撞区域是单连通区域。该假设的充分条件是机器人沿路径进行无后退运动时仅可能发生一次碰撞[5]。本节内容初始路径由时间最优轨迹规划生成，在此前提下该假设是合理的。

碰撞区域与非碰撞区域之间的边界在运动协调中有重要作用，现对边界做出定义。当 R_1 处于第 i_1 个样本位形时，将 R_2 的下边界表示为 $\text{Bl}_2(i_1)$，定义 R_2 进入碰撞区域前的最后一个样本序号为

$$\text{Bl}_2(i_1) = \begin{cases} 0, & \text{当} M_c(i_1, 1) = 1 \\ i_2, & \text{当} M_c(i_1, i_2) = 0 \text{ 且 } M_c(i_1, i_2 + 1) = 1 \\ N_{s_2}, & \text{当} M_c(i_1, 1) = 0 \end{cases} \tag{7.26}$$

同样的方法可定义 R_1 的下边界 $\text{Bl}_1(i_2)$。R_1 和 R_2 的下边界如图 7.5 所示。

(a) $i_2 = 1, 2, \cdots, N_{s_2}$ 时，R_1 下边界 $\text{Bl}_1(i_2)$　　(b) $i_1 = 1, 2, \cdots, N_{s_1}$ 时，R_2 下边界 $\text{Bl}_2(i_1)$

图 7.5　碰撞矩阵 M_c 的下边界

两个机器人在 $\mathbb{C}_{\text{CoordS}}$ 中的同步路线（concurrent route）由始于 $(1,1)$ 直至 (N_{s1}, N_{s2}) 的一个非递减序列表示：

$$R_s = \{(1,1), \cdots, ({}^s i_1, {}^s i_2), \cdots, (N_{s1}, N_{s2})\}, \quad {}^{s+1} i_1 \geqslant {}^s i_1, \quad {}^{s+1} i_2 \geqslant {}^s i_2 \tag{7.27}$$

当满足以下条件时，同步路线无碰撞：

$$y\left({}^{s}i_1, {}^{s}i_2\right) = 0, \quad \forall \left({}^{s}i_1, {}^{s}i_2\right) \in R_s \tag{7.28}$$

即所有该路线上的所有复合位形无碰撞。

将 $\mathbb{C}_{\text{CoordS}}$ 映射回 $\mathbb{C}_{\text{CoordT}}$，可得到 $\mathbb{C}_{\text{CoordT}}$ 中的同步轨迹（concurrent trajectory），当满足以下条件时，同步轨迹无碰撞：

$$y\left(t_1, t_2\right) = 0, \quad \forall t_1 = t_2 \tag{7.29}$$

$\mathbb{C}_{\text{CoordS}}$ 中的同步路线仅依赖于离散序列，不包含时间性质；而 $\mathbb{C}_{\text{CoordT}}$ 中的同步轨迹包含连续时间变量 t_1 和 t_2。

从几何角度看，增加或降低机器人沿 R_s 运行的速度可通过"拉伸"或"压缩" $\mathbb{C}_{\text{CoordT}}$ 实现。因此，为了避免碰撞而进行的轨迹重新规划可通过对 $\mathbb{C}_{\text{CoordT}}$ 变形，拖曳碰撞区域使其离开 $t_1 = t_2$ 所在的直线。这个过程涉及调整 f_c，而 R_s 和 $\mathbb{C}_{\text{CoordS}}$ 不变。例如，本章讲述的初始 $\mathbb{C}_{\text{CoordT}}$ 由最小化运动时间得到，需要机器人以最大速度与加速度运行，通过沿一个轴拉伸或平移碰撞区域变形，对应对机器人运动进行减速或延迟。具体重新规划方法及其几何意义于"7.2.5　协调轨迹重新规划"详述。

7.2.4　优先级顺序及阻塞情况确定

利用碰撞矩阵，可以判断可能发生的碰撞和阻塞情况，为两个机器人避免碰撞区域的优先级排序提供指导。当且仅当无碰撞的同步路线存在时，利用 $\mathbb{C}_{\text{CoordS}}$ 和相应的碰撞矩阵 M_c，可通过调节其中一个或两个机器人的运动速度，使同步轨迹无碰撞。否则，不存在无碰撞的同步路线，则至少一个机器人无法到达目标位置，称这种情况为阻塞（blocking）。

为了通过碰撞矩阵 M_c 确定是否存在阻塞情况，从 M_c 中提取碰撞向量 V_{c1} 和 V_{c2}，表示一个机器人的某个位形是否与另一个机器人的整条路径存在碰撞。例如，从 R_1 角度来看，如果其第 i_1 个样本位形 ${}^{i_1}\boldsymbol{q}_1$ 与 R_2 的整条路径 $\boldsymbol{Q}_2 = \left({}^{1}\boldsymbol{q}_2, {}^{2}\boldsymbol{q}_2, \cdots, {}^{N_{s1}}\boldsymbol{q}_2\right)$ 无干涉，则令 $V_{c1}(i_1)$ 为 $\mathbf{0}$；否则为 $\mathbf{1}$：

$$V_{c1}\left(i_1\right) = \begin{cases} 0, & \forall i_2 \in [1, N_{s2}], \ M_c\left(i_1, i_2\right) = 0 \\ 1, & \text{否则} \end{cases} \tag{7.30}$$

$V_{c2}(i_2)$ 可由相同的方法定义。

在碰撞区域为单连通的假设下，通过检测碰撞矩阵的四个边，即 $E_{V_c} = \left[V_{c1}(1), V_{c1}(N_{s1}), V_{c2}(1), V_{c2}(N_{s2}) \right]$，可以确定是否可通过为 R_1 和 R_2 分配优先级避免碰撞；或是否存在阻塞情况，因而无论何种优先级分配均无法避免碰撞。图 7.6 中列出了 16 种可能出现的优先级顺序及阻塞情况，并标出每种情况与 E_{V_c} 取值的对应关系。

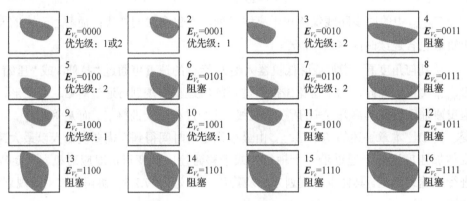

图 7.6　16 种不同的 E_{V_c} 取值及对应的阻塞和优先级情况

如果 V_{c1} 或 V_{c2} 的第一个及最后一个元素均为 1，则阻塞存在（如第 4、8、12～16 种情况），意味着其中一个机器人的初始和最终位形均与另一个机器人的某些位形存在干涉，从几何角度看，由于碰撞区域为单连通区域，碰撞矩阵 M_c 中不存在从左上角到右下角不穿越碰撞区域的路线。

如果 V_{c1} 或 V_{c2} 的第一个元素均为 1，则为阻塞情况（如第 11 种情况），起点附近区域（M_c 的左上区域）被阻塞。相似的，如果 V_{c1} 或 V_{c2} 的最后一个元素均为 1，也为阻塞情况（如第 6 种情况），终点附近区域（M_c 的右下区域）被阻塞。这两种情况下，Q_1 和 Q_2 的部分区域均存在干涉，无法通过某一个机器人为另一个机器人让行的方法来避免碰撞。

其他情况下不存在阻塞。如果 Q_1 末尾处和 Q_2 起始处完全无碰，即 $V_{c1}(N_{s1}) = 0$ 且 $V_{c2}(1) = 0$，则可通过 R_2 为 R_1 让行（令 R_1 先通过碰撞区域，R_2 再通过）避免碰撞。这些情况中，R_1 具有较高的优先级（第 1、2、9、10 种情况）。从几何角度看，从 M_c 中 $(1,1)$ 到 (N_{s1}, N_{s2}) 的路线从碰撞区域的左下角经过。相似地，第 1、3、5、7 种情况下，可将优先级分配给 R_2 来避免碰撞。特别地，在第 1 种情况下，将较高优先级分配给 R_1 或 R_2 均可避免碰撞，可通过进一步考虑时间效率来确定优先级，将在"7.2.5　协调轨迹重新规划"中详述。

7.2.5　协调轨迹重新规划

当不存在阻塞情况时，可以通过重新规划轨迹来避免碰撞。该问题的难点在于求解一条使机器人从初始位形平稳运动到最终位形的轨迹，且不违背运动学约束[3]，因此新的轨迹应满足以下要求：第一，机器人可到达最终目标；第二，机器人之间不存在干涉；第三，满足运动学约束。本小节介绍两种轨迹重新规划方法，目标到达、运动学可行、无干涉条件保证在定理 1 和定理 2 中进行讨论。

可将重新规划看作对映射 $f_c : \mathbb{R}^2 \mapsto \mathbb{R}^{N_{J1}} \times \mathbb{R}^{N_{J2}}$ 的修正，其本质是重新分配其中一个或两个机器人到达样本位形的时间，以实现在 $\mathbb{C}_{\text{CoordT}}$ 中拖曳碰撞区域使其不与 $t_1 = t_2$ 相交。该问题为求解一个变换 $T : \mathbb{R}^2 \mapsto \mathbb{R}^2$ 来得到一个新的映射：

$$f'_c = f_c \big(T(t_1, t_2) \big) \tag{7.31}$$

将某一位形到达时间和样本序号之间的映射表示为 $t_r(i_r)$，表示第 r 个机器人于 t_r 时刻到达第 i_r 个样本位形。沿着初始轨迹，R_1 和 R_2 分别在 $t_1(i_1)$ 和 $t_2(i_2)$ 时刻到达第 i_1 和 i_2 个样本位形。通过重新分配这对样本位形至 $t'_1(i_1)$ 和 $t'_2(i_2)$ 时刻，可得到变换 T：

$$(t'_1, t'_2) = T(t_1, t_2) \tag{7.32}$$

这为调整机器人的速度曲线提供指导，也就是在 $\mathbb{C}_{\text{CC}}$ 中计算一组新的轨迹参数 (C'_1, C'_2)。结合时间空间和位形空间来考虑机器人运动的运动学可行性。

1. 离线轨迹重新规划

本小节介绍一种离线轨迹重新规划方法，用于计算从起始到停止的全局运动轨迹。

由于初始速度为零，可通过 $\mathbb{C}_{\text{CoordT}}$ 中的线性变换实现轨迹重新规划，相当于对优先级较低的机器人进行延迟或成比例减速。图 7.7 所示为一个例子，碰撞区域位于右上区域，与 $i_1 = i_2$ 相交。在这种情况下，为了避免碰撞，需要将碰撞区域右移，即改变样本位形沿 t_2 轴的分布，可通过延迟或减慢 R_2 的运动实现，也就是分配 R_2 的第 i_2 个样本位形重新分配至新的时刻 t_2'：

$$\begin{pmatrix} t_1'(i_1) \\ t_2'(i_2) \end{pmatrix} = \begin{pmatrix} 1 & 0 \\ 0 & C_{s2} \end{pmatrix} \begin{pmatrix} t_1(i_1) \\ t_2(i_2) \end{pmatrix} + \begin{pmatrix} 0 \\ C_{d2} \end{pmatrix} \tag{7.33a}$$

$$C_{s2} > 1, \quad C_{d2} > 0 \tag{7.33b}$$

其中，C_{s2} 和 C_{d2} 分别为 R_2 的减速系数和延迟系数。

下面利用图 7.7 中的例子说明如何确定避免碰撞所需的延迟系数与减速系数。利用碰撞矩阵中 R_2 的下边界（$i_2 = \mathrm{Bl}_2(i_1)$），分配 R_2 的第 $\mathrm{Bl}_2(i_1)$ 个样本位形至新的时刻 t_2'，使其满足：

$$\forall i_1, \quad t_2'(\mathrm{Bl}_2(i_1)) > t_1'(i_1) \tag{7.34}$$

表示边界上的所有点均移至 $t_1 = t_2$ 的右侧。

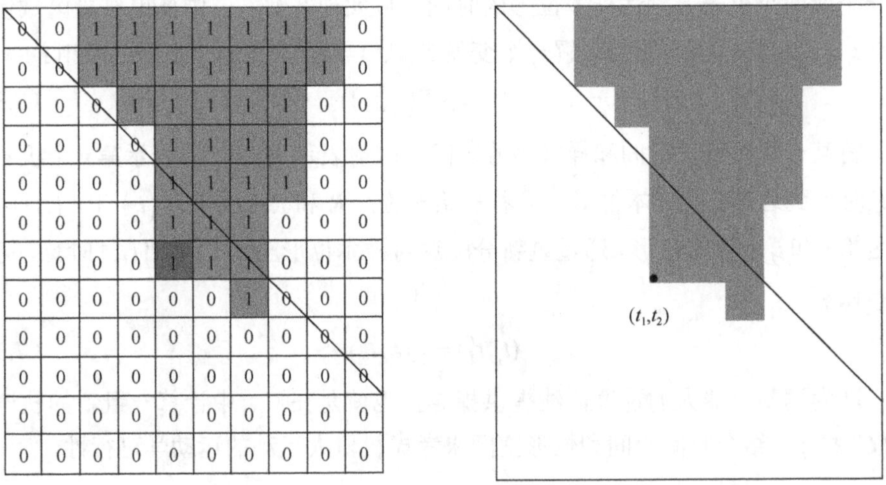

（a）碰撞矩阵　　　　　　　　（b）协调时间空间

图 7.7　存在碰撞的初始轨迹

为满足上述条件，分别选取成比例减速系数 C_{s2} 与延迟系数 C_{d2} 为

$$C_{s2} = \max_{i_1} \frac{t_1(i_1) + T_m}{t_2(\mathrm{Bl}_2(i_1))}, \quad C_{d2} = 0 \tag{7.35}$$

$$C_{d2} = \max_{i_1} \left(t_1\left(i_1\right) - t_2\left(\mathrm{Bl}_2\left(i_1\right)\right) + T_m \right), \quad C_{s2} = 0 \qquad (7.36)$$

其中，T_m 为 $t_2'\left(\mathrm{Bl}_2\left(i_1\right)\right)$ 偏离 $t_1 = t_2$ 的裕度。图 7.8 所示为通过成比例减速和延迟对 $\mathbb{C}_{\mathrm{CoordT}}$ 进行变形。

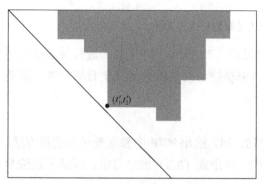

（a）成比例减速　　　　　　　　　　　　　　　　　（b）延迟

图 7.8　通过成比例减速和延迟对 $\mathbb{C}_{\mathrm{CoordT}}$ 进行变形

一组新的 R_2 轨迹参数 $\boldsymbol{C}_2'$ 可根据 C_{s2} 和 C_{d2} 由下式得到（图 7.9）：

$$\boldsymbol{q}_2 = \boldsymbol{q}_2\left(\boldsymbol{C}_2', t - C_{d2}\right) \qquad (7.37\text{a})$$

$$\boldsymbol{C}_2' = \left(\omega_{m2}^{1'}, \cdots, \omega_{m2}^{N_j'}, t_{f2}'\right) \qquad (7.37\text{b})$$

$$t_{f2}' = t_{f2} \cdot C_{s2} \qquad (7.37\text{c})$$

$$\omega_{m2}^{j'} = \frac{\omega_{m2}^1}{C_{s2}} \left(1 \leqslant j \leqslant N_j\right) \qquad (7.37\text{d})$$

关节加速度为

$$a^{j'} = \frac{a^j}{\left(C_{s2}\right)^2} \left(1 \leqslant j \leqslant N_j\right) \qquad (7.37\text{e})$$

相似地，在 R_2 具有较高优先级的情况，拉伸样本位形沿 t_1 轴分布，轨迹重新规划方法同式（7.33）～式（7.37），其中交换 R_1 和 R_2 的变量。

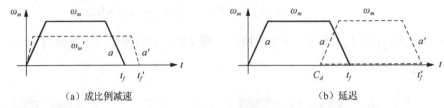

（a）成比例减速　　　　　　　（b）延迟

图 7.9　离线轨迹重新规划后的 TVP

定理 1：给定一对无阻塞路径，通过式（7.33）～式（7.37）进行基于成比例减速或延迟轨迹重新规划可得到可行协调轨迹，使机器人运行至目标位置，避免机器人之间的干涉，并满足运动学约束。

证明：

（1）目标到达：式（7.37c）和式（7.37d）给出 TVP 中独立变量的变换方法，式（7.37e）给出非独立变量的变换方法，其由式（7.2）推导得出，保证了轨迹参数更新后运动距离不变。

具体来说，零初始速度下，第 j 个关节的运动距离为

$$q_f = \omega_m \cdot t_f - \frac{(\omega_m)^2}{a} \tag{7.38}$$

将 $t_f{}'$ 和 $\omega_m{}'$ 代入，可得

$$q_f' = \omega_m' \cdot t_f' - \frac{(\omega_m')^2}{a'} = \frac{\omega_m}{C_s} \cdot t_f \cdot C_s - \frac{(\omega_m/C_s)^2}{a/(C_s)^2} = q_f \tag{7.39}$$

新的运动距离与原运动距离相同。

可以看出，通过式（7.37c）对轨迹参数进行变换不改变每个关节的运动距离；所有关节都运行相同的距离，因此最终到达的位形相同。

（2）运动学可行：如果式（7.37b）成立，可得到

$$\omega_m' = \frac{\omega_m}{C_s} < \omega_m \leq \omega_{\max} \tag{7.40}$$

$$a' = \frac{a}{(C_s)^2} < a \leq a_{\max} \tag{7.41}$$

因此，当轨迹 $q(C,t)$ 运动学可行（满足关节速度和加速度约束）时，由式（7.37）得到的轨迹 $q(C',t-C_d)$ 也满足运动学可行性。

（3）无干涉：对于 R_1 具有较高优先级的情况，通过式（7.35）和式（7.36）对 R_2 进行减速或延迟保证了式（7.34）满足，即碰撞区域边界上的所有点均位于 $t_1 = t_2$ 右侧。因此式（7.29）满足，协调轨迹无碰撞。同理，将 R_1 和 R_2 的变量互换，可得到 R_2 具有较高优先级的情况。（证明结束）

对于图 7.6 中的第 1 种情况，R_1 和 R_2 均可具有较高的优先级，可以分别计算 R_1 和 R_2 的延迟系数和减速系数，将高优先级分配至需要减速/延迟较小的机器人。

离线轨迹重新规划方法从全局角度对 $q(C,t)$ 进行调整，新的轨迹依然是一个梯形曲线，具有较好的运动平稳性（加速度方向改变最少）。但该方法假设机器人均会严格遵循规划的轨迹运行，未考虑真实世界中时有发生的意外情况。虽然离线计算的轨迹不够灵活，不足以用于实际运动执行过程，但是可以应用于上层任务规划问题，以对任务分配方案的效率进行近似评估。该方法计算简单，降低了多机器人任务分配组合优化问题的计算复杂性。成比例减速和延迟策略分别具有乘法和加法结构［式（7.33）］，适用于最优分配问题中的累乘和累加目标函数。

2. 在线轨迹重新规划

本小节提出一个在线轨迹重新规划方法，在每个控制周期中根据机器人当前运动状态更新轨迹参数。基本思想是根据具有较高优先级的机器人的运动状态，实时调整具有较低优先级的机器人的轨迹。具体方法是，根据高优先级机器人的运动状态，确定低优先级机器人最大可前进量，更新其目标位形，即更新式（7.3）中的 $X = (q_c, \dot{q}_c, q_t)$，并计算新的轨迹：

$$C = f_{\mathrm{TP}}(q_c, \dot{q}_c, q_t) \tag{7.42}$$

其中，q_c 和 $\dot{q}_c$ 为该机器人当前的位置和速度；q_t 为根据另一机器人运动状态确定的临时目标。

根据碰撞区域及其边界进行在线目标更新。碰撞区域及其边界在离线阶段计算一次，不在线更新；而 X 更新及相应的轨迹重新规划在每个控制周期中进行。

下面通过一个例子来说明临时目标 q_t 的计算方法。假设已为 R_1 和 R_2 规划了一对无阻塞的路径，并生成了碰撞矩阵。目标沿该路径更新：

$$q_{t1} = {}^{i_{\mathrm{gt}1}}q_1, \quad q_{t2} = {}^{i_{\mathrm{gt}2}}q_2 \tag{7.43}$$

其中，i_{gt_1} 和 i_{gt_2} 分别表示 R_1 和 R_2 的临时目标样本序号。假设所处情况为图 7.6 中的第 9 种情况，R_1 具有较高的优先级（图 7.10）。在机器人开始运动之前，具有较高优先级的 R_1 的目标直接设为最终目标：

$$i_{gt_1} = N_{s1} \tag{7.44}$$

优先级较低的 R_2 目标临时设为碰撞区域下边界中距离起始点最近的位形：

$$i_{gt_2} = \min_{1 \leqslant i_1 \leqslant N_{s1}} \mathrm{Bl}_2(i_1) \tag{7.45}$$

随着 R_1 的前进，R_2 的临时目标随之更新。当 R_1 已经过第 k 个位形时，R_2 的临时目标更新为 R_1 剩余样本位形对应的下边界中距离起始点最近的位形：

$$i_{gt_2} = \min_{k \leqslant i_1 \leqslant N_{s1}} \mathrm{Bl}_2(i_1) \tag{7.46}$$

当 R_1 已走过碰撞区域后，R_2 的目标最终更新为其真正的最终目标。

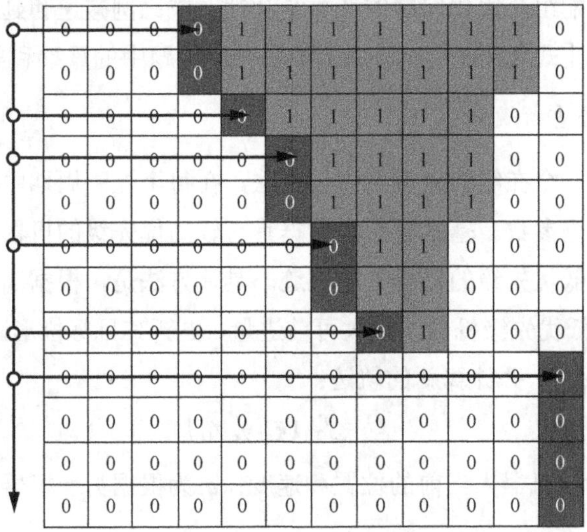

图 7.10　在线轨迹重新规划临时目标更新

临时目标更新相当于 $\mathbb{C}_{\mathrm{CoordT}}$ 中的非线性变换。与离线重新规划式（7.34）类似，碰撞区域下边界中的样本被"拖离" $t_1 = t_2$ 至 $\mathbb{C}_{\mathrm{CoordT}}$ 右侧。

上述方法同样适用于 R_2 具有较高优先级的情况，可通过交换式（7.44）～式（7.46）中 R_1 和 R_2 的变量计算。

定理 2：给定一对无阻塞路径，通过式（7.42）～式（7.46）进行基于目标更新的轨迹重新规划，得到可行协调轨迹，使机器人运行至目标位置，避免机器人之间的干涉，并满足运动学约束。

证明：

（1）目标到达：对于一对无阻塞路径，通过式（7.46）进行目标更新，目标最终会设为真实目标，可保证最终目标的到达。

（2）无干涉：对于 R_1 具有较高的优先级的情况，根据式（7.46），当 R_1 在时刻 $t_1(i_1)$ 到达第 i_1 个样本位形时，R_2 的临时目标设为第 $\min_{i_1} \mathrm{Bl}_2(i_1)$ 个位形，表明 R_2 会于时刻 $t_2' > t_1$ 到达该位形，可得

$$t_1'(i_1) = t_1(i_1) < t_2'\left(\min_{i_1 \leqslant i \leqslant N_{s_1}} Bl_2(i)\right) \leqslant t_2'\left(\mathrm{Bl}_2(i_1)\right) \tag{7.47}$$

表示碰撞区域边界上所有的点均位于 $t_1 = t_2$ 的右侧。因此，满足式（7.29），协调轨迹无碰撞。

R_2 具有较高的优先级的情况同理（可由交换 R_1 和 R_2 的变量推导）。

（3）运动学可行：运动至 q_t 的轨迹通过式（7.42），由"7.2.2　时间最优轨迹规划"介绍的规划方法计算，可保证机器人在不超出速度和加速度限制的情况下在 q_t 停止运动。

与离线方法不同，在线方法根据局部更新信息调整轨迹，可以应对意外情况，如其他机器人意外停止或延迟运动。其解析求解算法保证了重新规划可在一个控制周期中完成。（证明结束）

7.3　两个以上机械臂运动协调方法

本章介绍将前述双机械臂协调单元拓展到包含更多机械臂的系统，且不会大量增加计算开销的方法。其基本思想是：首先将系统中的机器人两两组合，用"7.2 双机械臂运动协调方法"介绍的方法处理每一对机器人；然后采用一个集中式总协调单元，汇总所有双机器人协调器中的信息进行处理，做出最终决策，如图 7.11 所示。

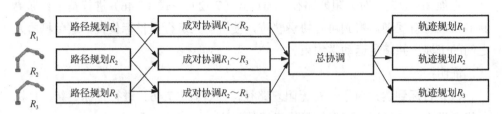

图 7.11　多于两个机器人的系统协调架构

对于一个包含 N_r 个机器人的系统，将机器人两两组合，共有

$$C_{N_r}^2 = \frac{1}{2} N_r \left(N_r - 1 \right) \tag{7.48}$$

个成对协调器，以及一个总协调器。

将离线重新规划和在线重新规划拓展至具有多于两个机器人系统的方法分别在"7.3.1　离线轨迹重新规划"和"7.3.2　在线轨迹重新规划"中介绍。计算复杂性和可拓展性将在"7.3.3　计算复杂性与可拓展性"中分析。在"7.3.4　总优先级顺序与死锁"中讨论如何确定所有机器人的整体优先级顺序。

7.3.1　离线轨迹重新规划

采用离线轨迹重新规划方法时，首先求解每对机器人的碰撞矩阵，确定相应的优先级顺序，以及减速系数或延迟系数。然后在总协调器中，确定总优先级顺序，并按照优先级从高到低的顺序，依次计算每个机器人最终的减速系数或延迟系数。

考虑一个包含 N_r 个机器人的系统，具有非循环优先级：

$$\{R_r\}_{r=1,2,\cdots,N_r}, R_1 > R_2 > \cdots > R_{N_r} \tag{7.49}$$

一个包含三个机器人的例子如图 7.12 所示。

首先介绍成比例减速策略的应用。按照优先级从高到低的顺序，具有最高优先级的 R_1 不需要改变轨迹，即 $C_{s_1} = 1$。然后，R_2 需要根据 R_1 的运动状态减速：

$$C_{s_2} = C_{s_1} C_{s_{21}} = C_{s_{21}} \tag{7.50}$$

其中，$C_{s_{rk}}$ 表示 $R_r \sim R_k$ 的碰撞矩阵中得到的 R_r 减速系数。

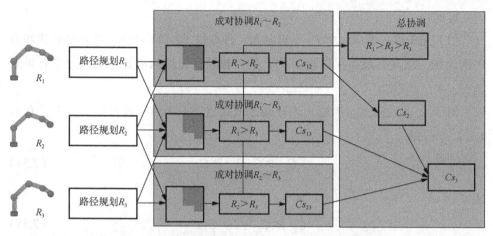

图 7.12　基于离线重新规划的三个机器人运动协调

然后，考虑所有具有较高优先级的机器人（R_1 和 R_2），求解 R_3 的减速系数。特别地，在 $R_3 \sim R_2$ 系统中，由于 R_2 已经进行了减速，R_3 应首先以 C_{s_2} 进行减速，来保持 $\mathbb{C}_{CoordT}$ 中的比例；然后再根据 $R_3 \sim R_2$ 的碰撞矩阵以 $C_{s_{32}}$ 进行减速。R_3 最终的减速系数选为考虑 $R_3 \sim R_1$ 系统和 $R_3 \sim R_2$ 系统得到的减速系数中较大的一个，可以避免与 R_1 和 R_2 的碰撞：

$$C_{s_3} = \max\{C_{s_1} C_{s_{31}}, C_{s_2} C_{s_{32}}\} \tag{7.51}$$

将上述过程进行总结和推广，R_r 的总减速系数为

$$C_{s_r} = \begin{cases} 1, & r = 1 \\ \max\left\{C_{s_1} C_{s_{r1}}, \cdots, C_{s_{r-1}} C_{s_{r(r-1)}}\right\}, & r > 1 \end{cases} \tag{7.52}$$

同理可得到总延迟系数为

$$C_{d_r} = \begin{cases} 0, & r = 1 \\ \max\left\{C_{d_1} + C_{d_{r1}}, \cdots, C_{d_{r-1}} + C_{d_{r(r-1)}}\right\}, & r > 1 \end{cases} \tag{7.53}$$

定理 3：对于包含 N_r 个机器人的系统，给定一组无循环优先级顺序，通过式（7.37）和式（7.52）进行基于成比例减速的轨迹重新规划或通过式（7.53）进行基于延迟的轨迹重新规划，得到可行协调轨迹，使机器人运行至目标位置，避免机器人之间的干涉，并满足运动学约束。

证明：

（1）无干涉：考虑包含 N_r 个机器人、具有式（7.49）所示的非循环优先级顺序的系统，从具有最高优先级的 R_1 开始，按照优先级从高到低的顺序进行重新规划。

对于 R_r，通过式（7.52）进行减速或通过式（7.53）进行延迟，对于任意 $1 < k < r$，有

$$C_{s_r} \geq C_{s_k} C_{s_{rk}} \geq C_{s_{rk}} \tag{7.54}$$

或

$$C_{d_r} \geq C_{d_k} + C_{d_r} \geq C_{d_{rk}} \tag{7.55}$$

根据式（7.33）和式（7.34），有

$$t_r'\big(\mathrm{Bl}_r(i_k)\big) = C_{s_r} t_r\big(\mathrm{Bl}_r(i_k)\big) > C_{s_{rk}} t_r\big(\mathrm{Bl}_r(i_k)\big) > t_k'(i_k) \tag{7.56}$$

和

$$t_r'\big(\mathrm{Bl}_r(i_k)\big) = t_r\big(\mathrm{Bl}_r(i_k)\big) + C_{d_r} > t_r\big(\mathrm{Bl}_r(i_k)\big) + C_{d_{rk}} > t_r'(i_k) \tag{7.57}$$

从而满足式（7.29），R_r 和 R_k 无碰撞。因此，对任一机器人，与每一个比其优先级高的机器人都无碰撞。

通过按照优先级从高到低的顺序进行重新规划，可保证整个系统中的所有机器人之间均无碰撞。

（2）目标到达和运动学可行：根据定理 1，通过等比例减速和延迟重新规划不改变机器人的运动距离，并可保证运动学可行性。（证明结束）

7.3.2 在线轨迹重新规划

多于两个机器人的系统，在线轨迹重新规划过程如下。首先，通过成对协调器求解每对机器人的碰撞矩阵及相应的边界和碰撞区域。然后，在总协调器中，考虑系统中所有机器人，对临时目标进行规划。特别地，在每个控制周期中，先在成对协调器中求得考虑每对机器人的最大允许临时目标，最终在总协调器中汇总上述信息，更新最终的临时目标，如图 7.13 所示。

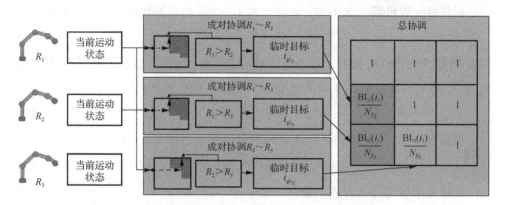

图 7.13　基于在线重新规划的三个机器人运动协调

对于一个包含 N_r 个机器人的系统，建立一个临时目标矩阵：

$$\boldsymbol{M}_g = \left(M_g \left(r_1, r_2 \right) \right)_{N_r \times N_r}$$

$$M_g \left(r_1, r_2 \right) = \begin{cases} 1, & r_1 = r_2 \\ 1, & r_1 \neq r_2 \text{、} R_{r_1} > R_{r_2} \\ \dfrac{i_{\mathrm{gt}_{r_1 r_2}}}{N_{s r_1}}, & r_1 \neq r_2 \text{、} R_{r_1} < R_{r_2} \end{cases} \tag{7.58}$$

其中，$i_{\mathrm{gt}_{r_1 r_2}}$ 表示根据 $R_{r_1} \sim R_{r_2}$ 的碰撞矩阵得出的 R_{r_1} 的临时目标样本序号。选取其中最小的作为 R_{r_1} 的临时目标：

$$i_{\mathrm{gt}_{r_1}} = \arg \min_{1 \leqslant r_1 \leqslant N_r} M_g \left(r_1, r_2 \right) \tag{7.59}$$

定理 4：对于包含 N_r 个机器人的系统，给定一组无循环优先级顺序，通过式（7.59）更新临时目标进行重新轨迹规划可得到可行协调轨迹，使机器人运行至目标位置，避免机器人之间的干涉，并满足运动学约束。

证明：

（1）目标到达：考虑包含 N_r 个机器人、具有式（7.49）所示的非循环优先级顺序的系统，有

$$M_g \left(r, k \right) \begin{cases} = 1, & \forall 1 \leqslant r \leqslant k \leqslant N_r \\ > 1, & \text{否则} \end{cases} \tag{7.60}$$

对任意一对机器人 $R_r \sim R_k$（$R_r > R_k$），如果 R_r 可到达最终目标，则有

$$V_{Cr}(N_{sr}) = 0 \tag{7.61}$$

即 R_r 的最终位形和 R_k 路径上的任何位形均无干涉。因此，当 R_r 到达最终目标时，$R_r \sim R_k$ 碰撞区域中 R_k 的下界为 R_r 的最终位形，根据式（7.26）有

$$\mathrm{Bl}_k(N_{sr}) = N_{sk} \tag{7.62}$$

根据 $R_r \sim R_k$ 成对协调器，R_r 的临时目标可设为最终目标：

$$M_g(r,k) = 1 \tag{7.63}$$

从优先级最高的 R_1 开始，有

$$M_g(1,k) = 1, \quad \forall 1 \leqslant k \leqslant N_r \tag{7.64}$$

根据式（7.59），有

$$i_{\mathrm{gt}_1} = N_{s1} \tag{7.65}$$

表示 R_1 可以安全地到达最终目标。

根据式（7.63），有

$$M_g(k,1) = 1, \quad \forall 1 \leqslant k \leqslant N_r \tag{7.66}$$

对任意 $R_r(2 \leqslant r \leqslant N_r)$，如果任一具有比 R_r 优先级高的机器人可以到达目标位置，则 R_r 相对于该机器人的临时目标可设为最终目标：

$$M_g(r,k) = 1, \quad \forall 1 \leqslant k \leqslant r \tag{7.67}$$

另外，根据式（7.60），对于任一比 R_r 优先级低的机器人，R_r 的临时目标可设为最终目标：

$$M_g(r,k) = 1, \quad \forall r < k \leqslant N_r \tag{7.68}$$

因此，R_r 的临时目标最终可更新为最终目标

$$i_{\mathrm{gt}_r} = N_{sr} \tag{7.69}$$

即 R_r 可以安全地到达最终目标。

（2）无碰撞：通过式（7.59）对系统中任意机器人 $R_r(1 \leqslant r \leqslant N_r)$ 进行目标更新时，对任意 $1 \leqslant k \leqslant N_r$，有

$$i_{\mathrm{gt}_r} \leqslant i_{\mathrm{gt}_{rk}} \tag{7.70}$$

恒成立，即当前位形距离选定的临时目标比由任何 $R_r \sim R_k$ 成对协调器得到的 R_r 临时目标更近。因此，式（7.29）成立，轨迹无碰撞。

（3）运动学可行：通过式（7.42）计算的轨迹，可保证机器人在目标点停止，不超过运动学限制。（证明结束）

7.3.3　计算复杂性与可拓展性

本章分析系统中机器人数目增多时计算量的变化趋势，由此评估方法的可拓展性。

采用关节解耦方法对单个机器人进行轨迹规划（"7.2.2　时间最优轨迹规划"）的计算复杂度为 $O(N_j)$。按照"7.2.3　碰撞区域表示"中的方法对一对机器人进行碰撞检测的计算复杂度为 $O(N_s^2 N_j^2)$。对包含 N_r 个机器人的情况，需要 $C_{N_r}^2 = \frac{1}{2} N_r (N_r - 1)$ 个成对协调器和一个总协调器。协调过程总的计算复杂度为 $O(N_r N_j + N_r^2 N_s^2 N_j^2)$。

单机器人轨迹规划和成对协调的计算量随机器人数目增长分别呈线性和二次增长，并行计算可降低计算时间。因此，在理想情况（不考虑硬件限制）下，包含多个机器人的系统协调计算时间数量级与双机器人情况保持一致。总体协调只进行加法、乘法等简单运算，因此计算时间以成对协调为主。

综上所述，解耦方法计算量较低，使其可以拓展到具有较多机器人的情况。

7.3.4　总优先级顺序与死锁

1. 总优先级顺序确定

对于包含 N_r 个机器人的系统，建立一个有向图 G，其顶点为机器人 $\{R_r\}_{r=1,2,\cdots,N_r}$。如果 $R_1 > R_2$，则存在边 (R_1, R_2)。如果 G 非循环，则存在总优先级排序，G 的任一拓扑排序可作为一个优先级排序，可通过深度优先搜索得到[6]。由于可能存在不止一个拓扑排序，可以采用效率指标来选取最优的总优先级排序（如选取实现最少总运动时间的排序）。寻找最优的优先级排序会增加计算时间，但由于机械臂复杂的几何性质和多连杆结构，实际情况中双机器人的可行优先级比较局限，搜索空间一般较小。

2. 非循环优先级与循环优先级

对包含多于两个机器人的系统，确定整体优先级时，可能出现成对协调器之间出现矛盾的情况，如：

$$\{R_1\}_{r=1,2,3}, R_1 > R_2, R_2 > R_3, R_3 > R_1 \tag{7.71}$$

这将会导致死锁现象，即系统中的一些机器人处于循环避让的情况。实际情况中遇到的大部分情况为图 7.6 中的 2、3、5、7、9 和 10，其优先级无法调换。因此，优先级冲突的情况难以避免。

存在非循环优先级是完成指定任务的充分条件，即如果存在非循环优先级，离线和在线轨迹重新规划策略均能得到使所有机器人无碰撞地到达目标的可行解，如定理 3 和定理 4 中证明。如果循环优先级顺序难以避免，至少存在一个三机器人单元满足式（7.71），依然可能存在可行解，即存在非循环优先级不是安全完成任务的必要条件。

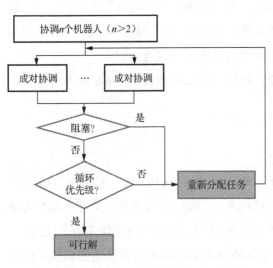

可通过轨迹重新规划得到多机器人协调问题可行解的条件如图 7.14 所示。如果任何成对协调器中均无阻塞情况，且总优先级顺序存在，则可行解存在。否则，如果在任一成对协调器中出现阻塞情况，或在总协调器中无法避免循环优先级顺序，则可能无法通过单纯的轨迹规划得到可行解。不可行情况会触发高层任务规划过程，改变机器人和任务之间的分配关系，或改变任务顺序（存在序列任务的情况下），如图 7.2 所示。

图 7.14 可行解存在或不存在的判断流程

7.4　实　　验

本节首先验证"7.2　双机械臂运动协调方法"中介绍的双机器人协调方法，然后验证"7.3　两个以上机械臂运动协调方法"中介绍的拓展至任意数目机器人的方法。双机器人系统和具有任意数目机器人系统的任务场景设定分别如图 7.15 和图 7.16 所示。

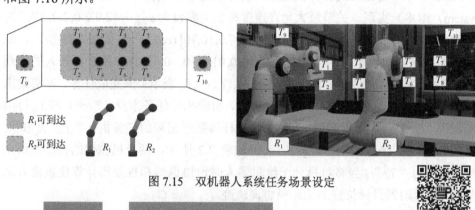

图 7.15　双机器人系统任务场景设定

彩图 7.15

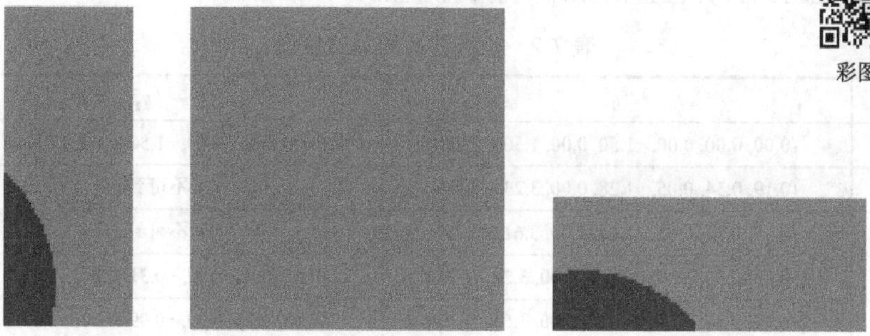

（a）(R_1,R_2)　　　　　（b）(R_1,R_3)　　　　　（c）(R_2,R_3)

图 7.16　由 $(T_{1-5},T_{2-3},T_{3-1})$ 运动至 $(T_{1-7},T_{2-5},T_{3-3})$ 的碰撞矩阵
（"0"和"1"分别由浅灰和深灰色表示）

对本章介绍的碰撞区域表示方法、多机械臂协调策略和轨迹重新规划方法进行测试和分析，并评估"7.1　共享工作空间多机械臂运动协调问题"中提出 $R_1 \sim R_4$ 的需求（安全、高效、在线反应和可拓展）。

将该方法与一种集中式协调方法对比。集中式协调方法考虑系统中所有机器人建立一个复合轨迹规划问题，并施加非碰撞约束，而非对每个机器人进行独立规划。该优化问题通过内点法进行求解。初始迭代参数选为每个机器人独立规划的最优轨迹参数。对比两种方法的运动效率、计算效率和可拓展性。

7.4.1 双机械臂运动协调

两机器人协调实验平台由两台七自由度机械臂（德国 Franka-Emika 公司的产品 Panda）和两台相应的计算机组成。程序通过机器人操作系统（robot operating system，ROS）实现。关节最大允许速度和加速度设为 $\omega_{\max} = \{2.0, 2.0, 2.0, 2.0, 2.5, 2.5, 2.5\}(\text{rad}/\text{s})$ 和 $a_{\max} = \{7.5, 3.75, 5, 6.25, 7.5, 10, 10\}(\text{rad}/\text{s}^2)$。如图 7.15 所示，$R_1$ 和 R_2 的基座分别位于笛卡儿坐标系的 $(0,0,0)$ 和 $(0,-0.67,0)$。两个机器人的末端执行器需要协同到达 10 个目标位置（由 $T_1, T_2, \cdots, T_{10}$ 表示）来完成任务。本实验主要关注机器人在目标之间转移的运动过程，而非执行任务本身。$T_1 \sim T_6$ 和 T_{10} 可由 R_1 到达，$T_3 \sim T_9$ 可由 R_2 到达。为使末端执行器到达相应的任务执行位置，R_1 和 R_2 关节空间位置（分别表示为 ${}^fq_1$ 和 ${}^fq_2$）如表 7.2 所示，两个机械臂的初始位形在表中表示为"T_0"。当将目标分配给机器人时，协调器和规划器计算使机器人从当前状态运动到目标位置的无碰撞协调轨迹。

表 7.2 执行任务的关节位形

任务	${}^fq_1$	${}^fq_2$
T_0	(0.00, 0.00, 0.00, −1.50, 0.00, 1.50, −0.78)	(0.00, 0.00, 0.00, −1.50, 0.00, 1.50, −0.78)
T_1	(0.19, 0.34, 0.05, −1.28, 0.00, 3.23, −0.78)	不可到达
T_2	(0.19, 0.37, 0.05, −1.62, 0.00, 3.61, −0.78)	不可到达
T_3	(−0.19, 0.34, −0.05, −1.28, 0.00, 3.23, −0.78)	(0.65, 0.94, 0.07, −0.31, 0.00, 2.88, −0.78)
T_4	(−0.19, 0.37, −0.05, −1.62, 0.00, 3.61, −0.78)	(0.59, 0.75, 0.09, −0.99, 0.00, 3.30, −0.71)
T_5	(−0.65, 0.94, −0.07, −0.31, 0.00, 2.88, −0.78)	(0.19, 0.34, 0.05, −1.28, 0.00, 3.23, −0.78)
T_6	(−0.59, 0.75, −0.09, −0.99, 0.00, 3.30, −0.71)	(0.19, 0.37, 0.05, −1.62, 0.00, 3.61, −0.78)
T_7	不可到达	(−0.19, 0.34, −0.05, −1.28, 0.00, 3.23, −0.78)
T_8	不可到达	(−0.19, 0.37, −0.05, −1.62, 0.00, 3.61, −0.78)
T_9	不可到达	(0.91, 0.47, 0.66, −0.68, −0.02, 2.66, −1.03)
T_{10}	(−0.91, 0.47, −0.66, −0.68, 0.02, 2.66, −1.03)	不可到达

首先同时给每个机器人分配一个目标，测试典型的点到点协调轨迹规划例子，分析碰撞矩阵、运动曲线和计算时间。然后，测试两机械臂协同执行序列任务。

1. 点到点目标

首先，两个机器人处于各自的初始位形，分别分配任务 T_2 和 T_9 给 R_1 和 R_2。直观来看，R_1 从上向下运动，R_2 从右向左运动，两机器人运动过程中明显会出现干涉。计算初始时间最优轨迹，选择样本位形，设置 $\max\{N_{s1}, N_{s2}\} = 101$，可得 $N_{s1} = 101$，$N_{s2} = 56$，$\Delta t = 0.17\text{s}$。碰撞矩阵如图 7.17（a）所示，属于图 7.6 中的第 10 种情况，不存在阻塞，R_1 具有较高的优先级。由于 $i_1 = i_2$ 包含碰撞，两机器人沿该初始轨迹运行时会发生碰撞。碰撞区域位于右上角，意味着干涉发生在 R_1 运动的前半程和 R_2 运动的后半程。因此，为了避免碰撞，R_2 减速为 R_1 让行，得到一个位于碰撞区域左下方的协调路线。分别通过离线和在线方法重新规划 R_2 的轨迹，即通过线性或非线性变换对 R_2 进行减速。

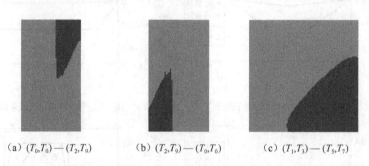

　　（a）(T_0, T_0)—(T_2, T_9)　　　　（b）(T_2, T_9)—(T_0, T_0)　　　　（c）(T_1, T_3)—(T_5, T_7)

图 7.17　碰撞矩阵（"0" 和 "1" 分别用深灰和浅灰色表示）

通过离线（成比例减速、延迟）和在线轨迹重新规划得到的关节运动曲线如图 7.18 所示，对应的运行时间如图 7.19 所示。

所有重新规划策略均可使两机器人无碰撞地运动至目标位置，且满足运动学约束。通过离线策略，R_1 具有较高的优先级，保持初始规划的时间最优轨迹；R_2 通过等比例减速或延迟重新规划，依然保持严格的三角形或梯形曲线，包含匀加速、匀减速阶段与匀速运行阶段。当在线重新规划时，R_2 速度持续变化，运动平滑度降低，有时还会中途停止来为 R_1 让行；但运动平滑度的牺牲使其具有较高的灵活性和安全性，且通过调整目标更新频率可减轻中途频繁停止的问题。离线策略须通过恒定系数对整体运动进行减速或延迟，相比而言在线方法更加灵活、可实现较短的运行时间。与集中式方法进行对比，集中式方法虽然在完整的复合空间进行搜索，但是求解过程中可能陷入局部最优解，因此运动时间反而更长。

两机器人运行至目标 (T_2,T_9) 后，将目标设为其初始位形，得到的碰撞矩阵与上文得到的关于对角线对称，如图 7.17（b）所示。阻塞和碰撞属性不变，而 R_1 与 R_2 的优先级调换——R_1 须减速为 R_2 让行来避免碰撞。

彩图 7.18

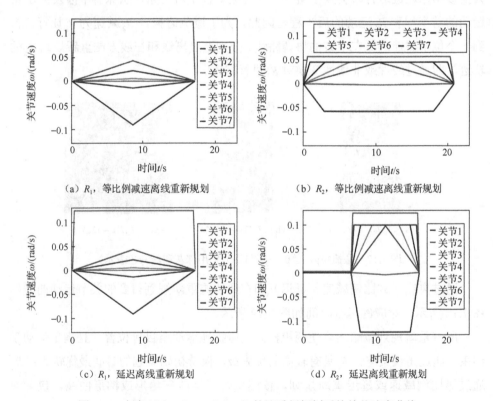

（a）R_1，等比例减速离线重新规划　　　　　（b）R_2，等比例减速离线重新规划

（c）R_1，延迟离线重新规划　　　　　　　　（d）R_2，延迟离线重新规划

图 7.18　任务 (T_0,T_0)—(T_2,T_9) 轨迹重新规划后的关节速度曲线

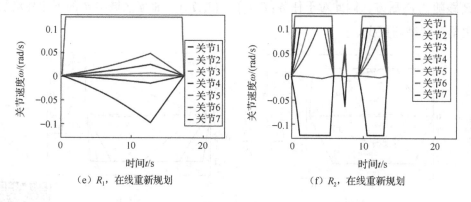

（e）R_1，在线重新规划　　　　　　（f）R_2，在线重新规划

图 7.18（续）

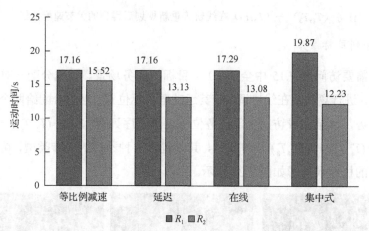

图 7.19　任务 (T_0, T_0) —(T_2, T_9) 轨迹重新规划后的运动时间

下一个例子令 R_1 和 R_2 分别从 T_1 和 T_3 运动到 T_5 和 T_7。碰撞矩阵如图 7.17（c）所示。沿 $i_1 = i_2$ 的元素均为 0，因此初始轨迹下无碰撞（在无意外发生的情况下）。在线重新规划得到的运动曲线如图 7.20 所示。虽然没有检测到碰撞，R_2 的运动依然略有减慢，保证了意外情况发生时的安全性。

与上一个例子 (T_2, T_9) —(T_0, T_0) 相比，碰撞区域位置相似（均位于左下角），R_2 均具有较高的优先级；但碰撞区域形状不同。直观来看，在任务 (T_2, T_9) —(T_0, T_0) 中，两机械臂运动方向交叉，而任务 (T_1, T_3) —(T_5, T_7) 中，R_1 和 R_2 向同一方向运动，

R_1跟随在R_2后方。因此对于任务(T_1,T_3)—(T_5,T_7)，碰撞区域中R_1的下边界增加更早，R_1减速更少。

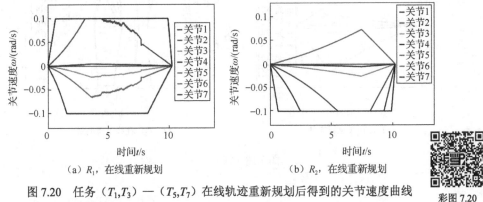

（a）R_1，在线重新规划　　　　　　　（b）R_2，在线重新规划

图 7.20　任务(T_1,T_3)—(T_5,T_7)在线轨迹重新规划后得到的关节速度曲线　　彩图 7.20

2. 序列目标

考虑需要访问图 7.15 中全部 10 个目标的任务场景。首先分配一对目标给两个机器人，进行离线或在线协调，使其运动至目标位置；然后分配给两个机器人一对新的任务，直至完成访问全部任务位形。测试序列(T_0,T_0)—(T_2,T_9)—(T_1,T_3)—(T_5,T_7)—(T_4,T_6)—(T_{10},T_8)—(T_0,T_0)，其中包含多种不同的干涉类型，访问这些目标时相应的机器人位形如图 7.21 所示。

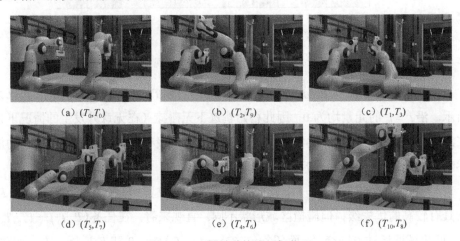

（a）(T_0,T_0)　　　　　　　（b）(T_2,T_9)　　　　　　　（c）(T_1,T_3)

（d）(T_5,T_7)　　　　　　　（e）(T_4,T_6)　　　　　　　（f）(T_{10},T_8)

图 7.21　双机械臂协调目标位形

离线（等比例减速、延迟）和在线轨迹重新规划策略均可以使两个机器人无碰撞地协同完成全部任务。对在线策略对意外情况的反应能力进行测试，通过手动中止 R_1 的运动，R_2 随之停下；R_1 恢复运动后，R_2 随之继续运动，最终均无碰撞地到达了其目标位形。

3. 计算复杂性

本小节测试该运动协调方法的计算时间，包括碰撞检测和轨迹重新规划。算法通过 C++语言程序实现，在配有 Intel Core i9-9980HK 5.0GHz CPU、32GB RAM 的笔记本计算机上运行。

碰撞检测的平均计算时间（在图 7.2 中的协调器中进行）如表 7.3 中的 t_c 所示。以任务 (T_0, T_0)—(T_2, T_9) 为例，记录选取不同样本数量时的碰撞检测计算时间。选取中等样本数量时，计算时间小于 1s。

表 7.3　不同样本选取精度下的碰撞检测计算时间

Δt	$N_{r1} \cdot N_{r2}$	t_c
0.343	50×28	0.107
0.176	100×56	0.217
0.086	200×111	0.626

重新轨迹规划的平均计算时间（在图 7.2 中的规划器中进行）如表 7.4 所示。选取 6 段运动为例，采用"7.2.5　协调轨迹重新规划"中介绍的离线及在线轨迹重新规划方法。延迟策略仅延迟运动的执行，无须重新计算轨迹参数。成比例减速通过对原轨迹参数乘以减速系数实现，为非常简单的代数计算，运行速度很快。在线重新规划更新临时目标，相应地重新计算轨迹式 (7.42)，其中仅涉及解析计算，计算也较快。最高计算时间远小于一个控制周期（1ms），证明该算法适用于实时运行。集中式方法依赖于数值计算的迭代次数，根据初始碰撞情况的差异而有所不同。例如，对于任务 (T_5, T_7)—(T_4, T_6)，求解器在 12 次迭代后失败；对于任务 (T_0, T_0)—(T_2, T_9)，求解器在 3 次迭代后找到可行解，且在每次迭代中更新轨迹参数并重新计算碰撞矩阵，计算成本高，难以实现在线运行。

表 7.4　重新规划计算时间

项目	平均计算时间/s	最大计算时间/s
等比例减速	1.13×10^{-5}	2.39×10^{-4}
在线	3.14×10^{-5}	1.32×10^{-4}

7.4.2　两个以上机械臂协调

本小节将 7.4.1 节中总优先级顺序确定的任务设定拓展到包含 N_r 个七自由度机器人的系统，机器人分别表示为 $R_1, R_2, \cdots, R_{N_r}$。任务设定如图 7.22 所示。机器人直线排列，相邻机器人基座间距为 d。每个机器人（$R_r, r = 1, 2, \cdots, N_r$）有 8 个可达目标，表示为 $T_{r-1}, T_{r-2}, \cdots, T_{r-8}$，其中 4 个也可由其相邻机器人执行。

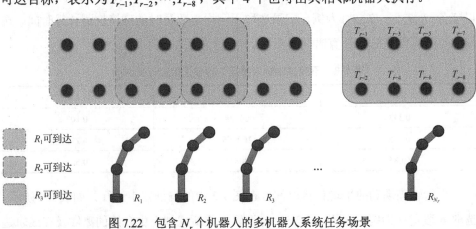

图 7.22　包含 N_r 个机器人的多机器人系统任务场景

1. 点到点目标及序列目标

在包含 3 个 Panda 机械臂（表示为 R_1、R_2 和 R_3）的实际系统中进行实验，其中 $d = 0.67$。第一个实验为点到点运动，三个机器人初始目标分别位于 T_{1-5}、T_{2-3} 和 T_{3-1}，同时向目标 T_{1-7}、T_{2-5} 和 T_{3-3} 运动。在这个例子中，所有机器人的运动均有耦合，虽然只有相邻机器人有直接影响，但是产生的间接影响会波及整个机器人系统。(R_1, R_2)、(R_1, R_3)、(R_2, R_3) 的碰撞矩阵如图 7.16 所示（最大采样数目为 100）。通过离线重新规划（等比例减速及延迟）和在线重新规划得到的每个机器人的关节速度曲线如图 7.23 所示，运行时间如图 7.24 所示。

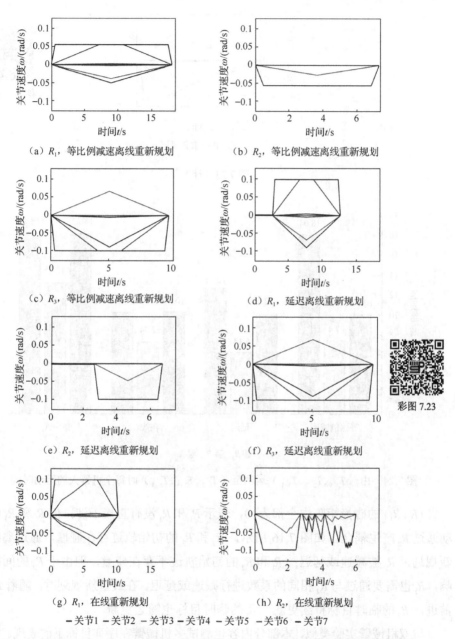

（a）R_1，等比例减速离线重新规划　　　（b）R_2，等比例减速离线重新规划

（c）R_3，等比例减速离线重新规划　　　（d）R_1，延迟离线重新规划

彩图 7.23

（e）R_2，延迟离线重新规划　　　（f）R_3，延迟离线重新规划

（g）R_1，在线重新规划　　　（h）R_2，在线重新规划

—关节1 —关节2 —关节3 —关节4 —关节5 —关节6 —关节7

图 7.23　由（于 T_{1-5}，T_{2-3}，T_{3-1}）运动至（T_{1-7}，T_{2-5}，T_{3-3}）时每个机器人的关节速度曲线

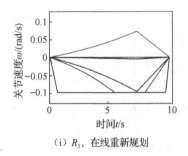

彩图 7.23（续）

（i）R_3，在线重新规划

图 7.23（续）

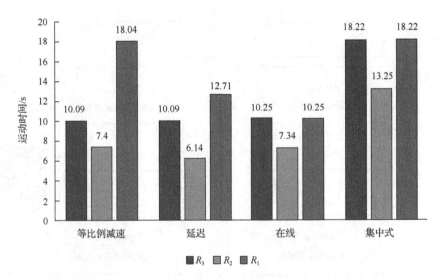

图 7.24　由（$T_{1-5}, T_{2-3}, T_{3-1}$）运动至（$T_{1-7}, T_{2-5}, T_{3-3}$）时每个机器人的运动时间

　　（R_1, R_3）的碰撞矩阵中全部为 0，表示 R_1 和 R_3 没有直接干涉，但 R_1 和 R_3 的运动通过 R_2 产生耦合。如图 7.16 所示，R_2 和 R_3 的初始轨迹存在碰撞，通过离线重新规划，R_2 被减速或延迟；R_1 和 R_2 的初始轨迹不存在碰撞，但由于 R_3 的间接影响，R_1 也需要通过与 R_2 相同的系数进行减速或延迟。在线重新规划时，随着 R_3 的前进，R_2 的临时目标持续更新，R_1 的临时目标也随之更新。

　　与双机械臂实验类似，本部分内容也测试多机械臂在序列目标下的表现。测试目标序列 $(T_{1-5}, T_{2-3}, T_{3-1}) - (T_{1-7}, T_{2-5}, T_{3-3}) - (T_{1-6}, T_{2-4}, T_{3-2})$，相应的序列位形如

图 7.25 所示。离线和在线重新规划均可以消除潜在的碰撞。在线重新规划中，机器人互相跟随更紧密，且可对意外情况进行实时反应。

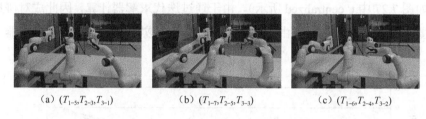

　　（a）$(T_{1-5}, T_{2-3}, T_{3-1})$　　　　　（b）$(T_{1-7}, T_{2-5}, T_{3-3})$　　　　　（c）$(T_{1-6}, T_{2-4}, T_{3-2})$

图 7.25　三个机器人序列任务位形

2. 计算效率及可拓展性

　　为了验证该方法对机械臂数量的可拓展性，本小节介绍具有不同数量机械臂的仿真场景。成对协调器的最大样本数目选为 100。在 Gazebo 仿真环境中对 10 个 Panda 机械臂采用在线轨迹重新规划策略进行运动协调的例子如图 7.26 所示。

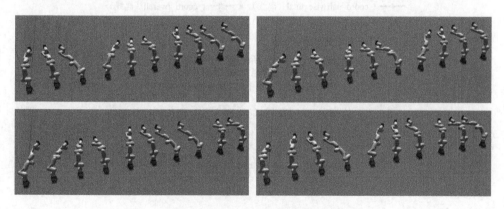

图 7.26　10 个机器人运动协调仿真

　　协调过程的计算时间（包括为离线、在线重新轨迹规划更新信息）如图 7.27 所示。其中 t_coord_pairwise_total 表示所有成对协调器的总计算时间，t_coord_overall 表示总协调器的计算时间，综合处理所有成对协调器中得到的信息，进行最终决策，并为每个轨迹规划器提供输入信息。成对协调器并行运行（理想情况下，计算时间与双机器人系统保持相同的数量级，如 "7.3.3　计算复杂性与可拓展性"所述）在测试中，t_coord_pairwise_total随机器人数目增加呈线性增长。t_coord_overall非常小，为10^{-5}s数量级。集中式方法计算时间数呈指数增长（如图7.27中t_centralized所示），由于通过迭代求解器计算，因此成对碰撞检测需要在每次迭代中进行。由此看出，该方法可以实际应用于包含较多机器人的系统。

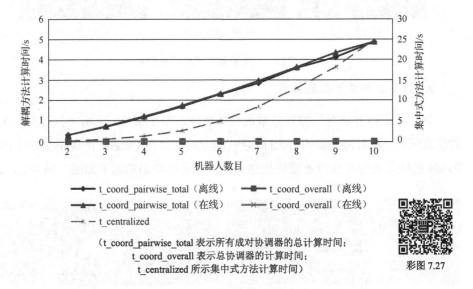

（t_coord_pairwise_total 表示所有成对协调器的总计算时间；
t_coord_overall 表示总协调器的计算时间；
t_centralized 所示集中式方法计算时间）

彩图 7.27

图 7.27　协调过程计算时间随机器人数目增加的变化趋势

7.5　本 章 小 结

本章介绍了一种在线、机器人数量可拓展的共享空间多机械臂运动协调方法，运动协调过程分解为全局协调过程和局部轨迹重新规划过程。为实现该方法，提出了针对高维自由度串联机器人的碰撞区域表示方法、运动协调策略和轨迹重新规划方法。在保证安全性和可行性的前提下，平衡求解最优性和灵活性。在包含两个和三个七自由度机械臂的系统中进行实验验证，协调与轨迹重新规划的计算时间数量级分别为10^{-1}s和10^{-5}s；采用并行计算时，计算时间随机器人数目线性增长。该方法具有较高的计算效率，可实时应对意外情况，且可拓展至包含较多数量机械臂的情况。

参 考 文 献

[1] Zhang S Y, Pecora F. Online and scalable motion coordination for multiple robot manipulators in shared workspaces[J]. IEEE Transactions on Automation Science and Engineering, 2024, 21(3): 2657-2676.

[2] Siciliano B, Sciavicco L, Villani L, et al. Robotics: modelling, planning and control[M]. Berlin: Springer Verlag, 2009.

[3] Kröger T, Wahl F M. Online trajectory generation: basic concepts for instantaneous reactions to unforeseen events[J]. IEEE Transactions on Robotics, 2010, 26(1): 94-111.

[4] Dornhege C, Eyerich P, Keller T, et al. Semantic attachments for domain-independent planning systems[C]//Nineteenth International Conference on Automated Planning and Scheduling. AAAI Press, 2009: 141-121.

[5] Shin K G, Zheng Q. Minimum-time collision-free trajectory planning for dual-robot systems[J]. IEEE Transactions on Robotics and Automation, 1992, 8(5): 641-644

[6] Tarjan R E. Edge-disjoint spanning trees and depth-first search[J]. Acta Informatica, 1976, 6(2): 171-185.

第8章 不确定性环境下多机器人系统在线任务分配

随着机器人工作能力的拓展和任务复杂程度的提升，一些应用需要多个机器人协同完成。因此，需要对机器人系统进行任务规划，将任务分配给机器人，并确定任务执行顺序，避免机器人之间的干涉并优化协同完成任务的效率。当系统中包含较多机器人和任务时，该问题具有较高的组合复杂性；而且，任务规划中须考虑底层机器人协调运动以保证任务分配的可行性并提升协同完成任务的效率；此外，任务执行过程中的不确定性要求任务规划具备在线调整能力。传统的离线规划方法不仅计算效率较低，而且面对不确定性因素时也不可行。为解决该问题，本章介绍一种集成协调运动规划的多机械臂在线任务分配方法，首先建立带有并行仿真预测技术的在线序列任务分配结构，将长序列任务分配问题分解为一系列连续执行的单步任务分配问题；然后建立具有可变效能的最优分配问题和分支定界算法，考虑多机器人系统的实时运动状态和干涉情况，对每一步分配子问题进行建模和求解，可保证多个机械臂在共享工作空间高效、安全运动。

8.1 多机器人在线任务分配问题

本章主要针对 ST-SR-TA-XD 类型的任务分配问题进行介绍。几个机械臂在共同的工作空间须协作完成一系列独立任务。在此过程中，多个机器人之间的干涉会影响执行任务的可行性和效率，因此须将其作为任务分配时的考虑因素。例如，对于一些分配方案，一个机器人延迟或减慢其运动为其他机器人让行以避免碰撞，会造成机器人花费更长的时间到达目标；或者一些分配方案可能造成阻塞等不可行情况，一些机器人甚至无法到达目标。一个包含 3 个机器人和 16 个任务的例子如图 8.1 所示。开始时 3 个机器人 R_1、R_2 和 R_3 在各自初始位置，将任务 T_4、T_6 和 T_{12} 分别分配给 R_1、R_2 和 R_3；当 R_3 完成 T_{12} 后，将 T_{15} 分配给 R_3；继续这一过程，直至完成所有任务。三个机器人的运动在空间和时间上可能有交叠，如 R_1、R_2 和 R_3 分别由 T_8、T_{11} 和 T_{15} 向 T_3、T_5 和 T_9 运动时。

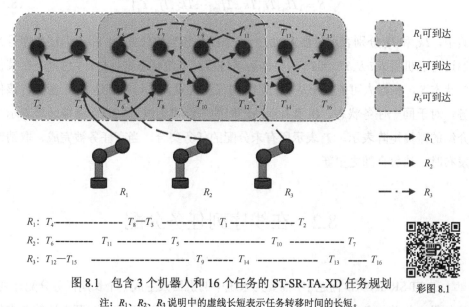

图 8.1　包含 3 个机器人和 16 个任务的 ST-SR-TA-XD 任务规划

注：R_1、R_2、R_3 说明中的虚线长短表示任务转移时间的长短。

彩图 8.1

任务分配问题包括将任务分配给机器人，并确定任务执行顺序。目标为生成每个机器人运动学可行且无碰撞的运动，使其能够完成所有任务，并最小化完成所有任务的总时间。任务完成总时间包括机器人在任务执行位置之间运动的时间（考虑机器人之间的干涉与碰撞避免），任务执行时间，以及空闲时间。在本章中做出如下假设：

（1）系统中包含 n 个机器人和 m 个任务（$n < m$），每个机器人具有执行其中部分任务的能力。

（2）任务可能在线发布或取消。

（3）机器人在各任务执行位置间运动的时间可预测；但任务执行时间不可预测。

（4）系统中所有机器人之间可以通信（每个机器人可获取其他机器人的当前状态信息）。该假设对于多机械臂系统是合理的，相比于多移动机器人系统，其包含的机器人数目相对较少且通常近距离协作。

由每个机器人的上一个任务、当前任务及未分配任务定义任务状态：

$$S = \{Tk_1, Tj_1, Tk_2, Tj_2, \cdots, Tk_n, Tj_n, \boldsymbol{T}_a\} \tag{8.1}$$

其中，Tk_i 和 Tj_i 分别表示机器人 i 的上一个任务和当前任务（k_i 和 j_i 为任务序号）。通过考虑机器人 i 从 Tk_i 到 Tj_i 的整体运动过程对系统状态进行估计，也就是在某任务状态 S，机器人可能处于从 Tk_i 至 Tj_i 的任何位置，或已经到达 Tj_i 正在执行该任务。对于同一任务状态，机器人运动之间的干涉可通过"7.2.3 碰撞区域表示"介绍的碰撞矩阵表示。$\boldsymbol{T}_a$ 表示所有未分配的任务集合，当有任务被完成、取消或发布时，该集合随之更新。

8.2　在线序列任务分配

在 ST-SR-TA-XD 问题中，需要为系统中的机器人生成一个长期任务分配计划，使其最小化总任务完成时间。共存在 $O(m^{2n})$ 种可能的任务状态，预先计算并存储多机器人协调信息成本较高；更重要的是，任务可能在线发布与取消，因此提前计算的方法不可行。为降低计算量且应对不可预知因素，本章提出一个在线序列任务分配方法，将高维 TA 问题分解为一系列低维 IA 问题，这些 IA 问题在机器人运动或执行任务的过程中在线依次建立与求解[1]。

8.2.1　同步与异步分配

每个 IA 问题可以是同步或异步进行的。

（1）同步分配：在 TA 过程开始时，所有机器人均处于空闲状态，进行同步分配，即在 $\boldsymbol{T}_a$ 中选取 n 个任务，分别分配给 n 个机器人。基于当前任务状态 S 建立最优分配问题（OAP）（"8.3.1　具有可变效能的最优分配问题"），通过分支定界算法求解（"8.3.3　分支定界算法"）。

（2）异步分配：系统工作过程中，当某个机器人完成当前任务时，触发异步分配。系统将会立即为该机器人分配新的任务。该方法可降低等待时间，进而降低总任务完成时间。最优分配问题和分支定界算法在异步分配中的变式（同一问题模型的不同形式）将在"8.3.4　异步分配实现"中介绍。

8.2.2　并行仿真预测

在异步分配中，分配问题在线建立与求解。如果机器人处于空闲状态时再计算下一个任务及运动至该任务位置的轨迹，计算过程中机器人会处于空闲状态。由于机器人在任务位置间进行运动和执行任务的时间相对较长（几秒甚至几分钟），这段时间可用来计算下一个任务及相应运动轨迹。但是，进行该计算需要知道机器人完成当前任务时系统中其他机器人所处的状态，来推断机器人之间的干涉与协调；由于任务执行时间的不确定性，这一信息难以准确预测。因此，本部分内容介绍一种并行仿真预测方法，同时考虑多种可能的结果。为每个机器人设置一个计算节点，所有计算节点并行运行。对于每个机器人 i，其对应的计算节点假设机器人 i 将最先完成当前任务，并根据其他机器人当前状态计算下一任务。计算节点之间可相互通信。当某个机器人完成当前任务时，若计算节点的假设符合现实，将求得的下一任务分配给该机器人；其他计算节点的信息相应更新，之前的计算结果被舍弃，根据新的状态重新进行计算。

如图 8.2 中的例子所示。开始时，所有机器人处于空闲状态，位于初始位形（由 Tw_1^0 表示），系统状态为 $S^0 = \left\{Tw_1^0, Tw_1^0, Tw_2^0, Tw_2^0, Tw_3^0, Tw_3^0, \boldsymbol{T}_a^0\right\}$，其中 S^h 和 $\boldsymbol{T}_a^h$ 表示在第 h 个状态时的任务状态和未分配任务集合，w_i^g 是分配给机器人 i 的第 g 个任务的编号。首先，为各机器人同步分配其第 1 个任务，机器人开始运动后，系统任务状态变为 $S^1 = \left\{Tw_1^0, Tw_1^1, Tw_2^0, Tw_2^1, Tw_3^0, Tw_3^1, \boldsymbol{T}_a^1\right\}$。此时，在 R_1 的计算节点中开始计算下一任务 Tw_1^2，该计算中假设 R_1 将会先完成当前任务，即 R_1 从 Tw_1^1 向 Tw_1^2 运动时，R_2 和 R_3 依然在进行运动 $Tw_2^0 - Tw_2^1$ 和 $Tw_3^0 - Tw_3^1$。因此，考虑运动 $Tw_1^1 - Tw_1^2$、$Tw_2^0 - Tw_2^1$ 和 $Tw_3^0 - Tw_3^1$ 之间的干涉（图 8.2 中的红色方框）。相似地，R_2 和 R_3 的计

算节点以同样的方式同时计算 Tw_2^2 和 Tw_3^2。如果 R_1 先完成当前任务，将计算的 Tw_1^2 分配给 R_1，系统任务状态更新为 $S^2 = \{Tw_1^1, Tw_1^2, Tw_2^0, Tw_2^1, Tw_3^0, Tw_3^1, \boldsymbol{T}_a^2\}$，并发送给其他所有计算节点。否则，如果其他机器人先完成了当前任务，如 R_2、R_1 计算节点收到更新的任务状态 $S^2 = \{Tw_1^0, Tw_1^1, Tw_2^1, Tw_2^2, Tw_3^0, Tw_3^1, \boldsymbol{T}_a^2\}$，舍弃之前计算的 Tw_1^2，开始根据新的状态重新计算 Tw_1^2。

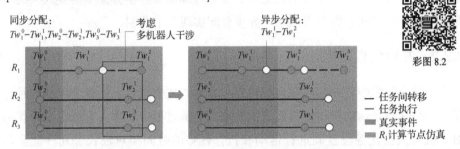

彩图 8.2

图 8.2　结合同步与异步分配、采用并行仿真预测的序列任务分配

8.2.3　求解完整性和最优性分析

1. 完整性

在线序列任务分配方案仅做局部规划，可能陷入不可行状态，即无可行解使任一机器人到达任一剩余任务位置（机器人间存在阻塞或死锁），导致部分剩余任务无法完成。但是，在以下两个假设下，在线序列任务分配方案可保证所有任务均可完成：一是机器人可以访问已完成的任务位置；二是机器人初始位置不会阻塞其他机器人运动至任何目标。当系统处于无可行解状态时，可以使至少一个机器人回到上一任务，在最差的情况下，使所有机器人回到初始位置，在该状态下存在可行解将未分配任务分配给一个机器人。

2. 最优性

由于用一系列局部 IA 问题近似全局 TA 问题，该方法无法保证求解的全局最优性（用最少的时间完成全部任务）。但是，由于问题包含不确定性因素，采用任何全局方法求得的解也无法保证全局最优性。本小节介绍的在线序列任务分配方法通过下面两种方法尽可能减少任务完成时间：一是通过异步分配结构（"8.2.1　同步与异步分配"）和并行仿真预测（"8.2.2　并行仿真预测"）减少空闲时间；二是在每一个 IA 子问题中求得当前状态下运动时间最优的解（"8.3 多机器人最优任务分配"）。

8.3 多机器人最优任务分配

8.3.1 具有可变效能的最优分配问题

将每个 ST-SR-IA 问题建立为一个具有可变效能的最优分配问题。根据系统当前任务状态及干涉情况来计算效能。给定 n 个机器人和 m 个任务（$n < m$），每个机器人计算可以得到最大效能的任务。机器人 i 执行任务 j 的效能表示为 U_{ij}。目标是求解机器人和任务间的分配矩阵 $A = \left\{ \alpha_{ij} \right\}_{n \times m}$，使其最大化整体性能：

$$\max U = \sum_{i=1}^{n} \sum_{j=1}^{m} \alpha_{ij} U_{ij} \tag{8.2a}$$

s.t.

$$\text{s.t.} \begin{cases} \sum_{j=1}^{m} \alpha_{ij} = 1, & \forall i \in \{1, 2, \cdots, n\} \\ \sum_{i=1}^{n} \alpha_{ij} = 1, & \forall j \in \{1, 2, \cdots, m\} \end{cases} \tag{8.2b}$$

其中

$$\alpha_{ij} = \begin{cases} 1, & \text{如果分配任务} j \text{给机器人} i \\ 0, & \text{否则} \end{cases} \tag{8.3}$$

每对机器人和任务的效能 U_{ij} 通过任务执行质量 Q_{ij} 和开销 C_{ij} 衡量：

$$U_{ij} = \frac{Q_{ij}}{C_{ij}} \tag{8.4}$$

质量 Q_{ij} 是一个常量，表示机器人 i 执行任务 j 的适合度：

$$Q_{ij} = \begin{cases} qu_{ij}, & \text{若机器人} i \text{有能力执行任务} j \text{，且所有更高优先级的任务已完成} \\ 0, & \text{否则} \end{cases} \tag{8.5}$$

开销 C_{ij} 由当前任务状态下机器人 i 从当前任务位形运动至下一运动位形的时间衡量：

$$C_{ij} = t_i(S) \tag{8.6}$$

由于运动时间受系统中其他机器人当前运动状态的影响，C_{ij} 不是恒定的。因此，效能 U_{ij} 是可变的，其考虑了机器人运动之间的干涉与协调。

8.3.2 多机器人协调在最优分配问题中的建模

假设在一次分配后，任务状态变为 $S = \{Tk_1, Tj_1, \cdots, Tk_n, Tj_n, \boldsymbol{T}_a\}$，机器人 i 从上一任务 Tk_i 向当前任务 Tj_i 运动。考虑系统中所有机器人的干涉，计算该状态下的效能 $U(S)$。具体表现为机器人 i 的运动时间 $t_i(S)$ 受到其他机器人运动的影响，进而影响效能

$$U_{ij_i}(S) = \frac{Q_{ij_i}}{t_i(S)} \tag{8.7}$$

采用第 7 章介绍的运动协调方法，计算使各机器人无碰撞地运动至目标的协调运动轨迹。该策略的中心思想是降低某些机器人运行速度来避免可能的碰撞。协调运动时间可以通过最小运动时间乘以减速系数 C_s 估算：

$$t_i(S) = t_{0i}\big(\boldsymbol{q}_i(Tk_i), \ \boldsymbol{q}_i(Tj_i)\big) \cdot C_{si}(S) \tag{8.8}$$

其中，$\boldsymbol{q}_i(T)$ 表示机器人 i 执行任务 T 的位形；$t_{0i}\big(\boldsymbol{q}_i(Tk_i), \boldsymbol{q}_i(Tj_i)\big)$ 表示不考虑干涉情况下机器人 i 从 $\boldsymbol{q}_i(Tk_i)$ 运动至 $\boldsymbol{q}_i(Tj_i)$ 的最少时间；$\boldsymbol{q} = (q^1, q^2, \cdots, q^{N_j})$ 表示关节空间位形，其中 q^x 为第 x 个关节位置，N_j 为关节数目。

应用第 7 章介绍的多机器人运动协调方法。首先，忽略多机器人之间的干涉，计算每个机器人初始轨迹，即时间最优轨迹。然后，从初始轨迹中提取一系列离散样本位形 ${}^s\boldsymbol{q}_i(s = 1, 2, \cdots, N_{si})$，其中第一个位形 ${}^1\boldsymbol{q}_i$ 和最后一个位形 ${}^{N_{si}}\boldsymbol{q}_i$ 分别对应执行前一任务 Tk_i 和下一任务 Tj_i，即 ${}^1\boldsymbol{q}_i = \boldsymbol{q}_i(Tk_i)$ 和 ${}^{N_{si}}\boldsymbol{q}_i = \boldsymbol{q}_i(Tj_i)$。对每对机器人进行碰撞检测，得到碰撞矩阵 M_c，表示沿路径可能发生的碰撞，如图 8.3 中的例子所示。碰撞矩阵的行和列分别表示两机器人的 N_{s1} 和 N_{s2} 个样本位形，对每一对样本位形进行碰撞检测，有干涉和无干涉的情况分别记为 "1" 和 "0"。碰撞矩阵

中为 "1" 和 "0" 的区域分别称为碰撞区域和无碰撞区域。通过碰撞矩阵，重新规划机器人沿原路径运动的速度。碰撞矩阵中一条从 $(1,1)$ 运动至 (N_{s1},N_{s2}) 仅包含 "0" 的连续路线对应一条无碰撞路线。

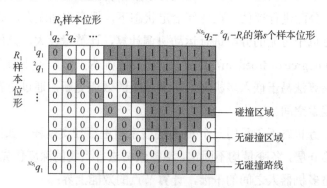

图 8.3　一对路径的碰撞矩阵

如第 7 章介绍，通过轨迹重新规划进行运动协调，可避免较复杂的路径规划，降低计算量，适用于在线协调。当存在无碰撞协调路线时，该任务分配可行，机器人须遵循特定的优先级顺序来避免碰撞并保证到达目标位形；否则，出现阻塞情况，至少有一个机器人无法到达目标。

多于两个机器人的协调如 "7.3　两个以上机械臂运动协调方法" 介绍。将机器人两两组合，对每一对机器人进行碰撞检测。如果所有成对机器人均无阻塞，且由成对机器人优先级顺序可得到一个无循环的总优先级顺序，则可通过按优先级从高到低的顺序逐一计算 n 个机器人的减速系数，得到多机器人系统的协调轨迹。对于优先级排序为 $R1 > R2 > \cdots > Rn$ 的机器人系统，有

$$C_{s1} = 1 \tag{8.9a}$$

$$C_{si} = \max\left\{ C_{s1} \cdot C_{si1}, \ldots, C_{si-1} \cdot C_{si(i-1)} \right\} \tag{8.9b}$$

其中，C_{sir} 表示由 $R_i \sim R_r\,(i=1,2,\cdots,n,\ r \neq i)$ 碰撞矩阵得到的机器人 i 的减速系数。

若任何一对机器人存在阻塞情况，或各双机器人优先级之间存在矛盾，出现死锁现象，则至少有一个机器人无法到达目标位置，该分配的效能设为 0。

8.3.3　分支定界算法

为了对可变效能的最优分配问题进行求解，得到最优的下一分配，需要对所有可能的下一分配进行评估。在任何给定状态下，搜索空间庞大，数量级为 m^n。此外，需要对每个可能的分配进行运动协调计算，计算量较大，该问题对于具有高维自由度（degree of freedom，DoF）的机器人尤为严峻。本小节介绍一个分支定界算法，该算法易于嵌入多机器人协调相关的效能更新，通过更新效能下界，可大幅降低搜索空间。

在每个任务状态下，采用一个 $n+1$ 层搜索树进行分支过程，如图 8.4 所示。初始节点为第 0 层，各变量均不固定。沿搜索树进行系统的深度优先搜索。在第 l 层，首先忽略多机器人之间的干涉，计算节点的效能上界：

$$U_{ub}\left(A_1, A_2, \cdots, A_l\right) = \sum_{i=1}^{l} \alpha_{ij} U_{0ij} + \sum_{i=l+1}^{n} \max_{Tj \in T_a} U_{0ij} \tag{8.10}$$

其中，$A_i = \left(\alpha_{ij}, \cdots, \alpha_{im}\right)$ 为分配矩阵 A 的第 i 行，U_{0ij} 表示不考虑其他机器人影响时，机器人 i 执行任务 j 的效能，即

$$U_{0ij} = \frac{Q_{ij}}{t_{0i}} \tag{8.11}$$

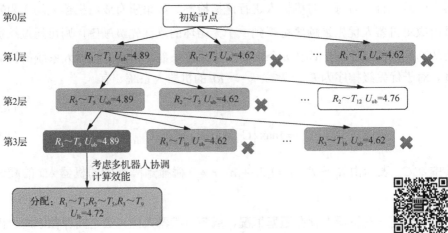

图 8.4　分支定界算法的搜索树

分支过程沿具有最大上界的分支进行（图 8.4 中的蓝色方框），直到找到一个具有最大上界的分配：

$$A^* = \arg\max \sum_{i=1}^{n} \sum_{j=1}^{m} \alpha_{ij} U_{0ij} \tag{8.12}$$

得到下一任务为 $Tj_1^*, Tj_2^*, \cdots, Tj_n^*$，其中 $\alpha_{ij_i^*} = 1(i = 1, 2, \cdots, n)$。系统任务状态变为 $S = \{Tk_1, Tj_1^*, \cdots, Tk_n, Tj_n^*, \boldsymbol{T}_a\}$。基于该分配，计算多机器人协调运动轨迹，更新效能：

$$U(S^*) = \sum_{i=1}^{n} U_{ij_i^*}(S^*) = \sum_{i=1}^{n} \frac{Q_{ij_i^*}}{t_i(S^*)} = \sum_{i=1}^{n} \frac{Q_{ij_i^*}}{t_{0i}(Tk_i, Tj_i^*) \cdot C_{si}(S^*)} = \sum_{i=1}^{n} \frac{U_{0ij_i^*}(S^*)}{C_{si}(S^*)} \tag{8.13}$$

得到最优解的下界：

$$U_{lb} = U(S^*) \tag{8.14}$$

设 t_0 为最小运动时间，机器人保持原速度或降低速度为其他机器人让行。因此，对于任何状态下的任何分配，以下不等式恒成立：

$$t \geqslant t_0 \tag{8.15}$$

$$U = \sum_i U_{ij} = \sum_i \frac{U_{0ij}}{C_{si}} \leqslant \sum_i U_{0ij} = U_0 \tag{8.16}$$

由此可得，任何从节点 $A' = \left(A_1^{\mathrm{T}}, A_2^{\mathrm{T}}, \cdots, A_i^{\mathrm{T}}, \cdots, A_n^{\mathrm{T}} \right)^{\mathrm{T}}$ 分支的节点，得到的状态对应的效能总小于最优解的下界：

$$U(S') \leqslant U_{ub}(A_1, A_2, \cdots, A_i, \cdots, A_n) \leqslant U_{ub}(A_1, A_2, \cdots, A_i) < U_{lb} \tag{8.17}$$

因此，搜索树中上界低于 U_{lb} 的节点终止（图 8.4 中的红色方框）。否则，该节点有效，沿该节点下的分支搜索继续。当全部节点终止时，可得到最优解（具有最少运行时间的分配）。

8.3.4 异步分配实现

采用异步分配不仅可减少空闲时间，也简化了最优分配问题、分支定界算法，以及基于多机器人协调的效能更新计算。

异步分配问题中，求解一个机器人的下一步任务，而其他机器人的任务不变。相应的最优分配问题为寻找机器人 i 的下一步分配 $A_i = (\alpha_{i1}, \alpha_{i2}, \cdots, \alpha_{im})$，即分配矩阵 A 的第 i 行，优化整体目标，而 A 的其他行固定不变。式（8.2a）中的目标函数变为

$$\max U = \sum_{j=1}^{m} \alpha_{ij} U_{ij} \tag{8.18}$$

在该变式中，分支定界算法的搜索树只有一层有效，其他层均固定。每个节点的上界为

$$U_{\mathrm{ub}}(A_i) = \sum_{r=1,2,\cdots,n, r \neq i} \alpha_{rj_r} U_{0rj_r} + \max_{T_{j_i} \in T_a} U_{0ij_i} \tag{8.19}$$

得到具有最大初始上界的分配 A_i^* 后，根据多机器人协调更新效能。首先判断分配是否可行；如果可行，则计算减速系数，更新效能。

为了判断 R_i 备选分配的可行性，计算 R_i 下一运动（从执行当前任务的位形运动至下一任务位形）和其他各机器人 R_r 的当前运动（从上一任务位形运动至当前任务位形）的路径之间的碰撞矩阵（共 $n-1$ 个）。对每个碰撞检测，有如下结论：

（1）R_i 的任何下一任务分配不会对 R_r 的当前运动造成阻塞。R_i 下一运动的初始位形是下一运动的最终位形，因此不会阻塞 R_r 运行至当前任务位形的剩余运动。

（2）如果 R_i 的下一运动相比 R_r 的当前运动具有较低的优先级，R_i 的下一任务分配可行。由于 R_r 的上一运动正在进行，可能已经走过碰撞区域，由于运动学约束速度不能任意变化，因此使 R_r 为 R_i 让行并不总是可行。R_i 下一运动尚未开始，总是可以为 R_r 让行。

根据上述结论（1），可得 $V_{ci}(1) = 0$，因此仅需要图 7.6 中的第 1~8 种情况。在第 1~8 种情况下，当且仅当 $V_{cr}(N_{sr}) = 0$ 时，R_r 具有较高的优先级。根据上述结论（2），如果 $V_{cr}(N_{sr}) = 0$，则下一分配可行。因此，为了确定异步分配的可行性，仅须计算碰撞矩阵的最后一列，无须计算整个碰撞矩阵。由上述分析

可得，异步分配可行性检测的计算复杂度为 $O(nN_s)$，低于同步分配的计算复杂度 $O(n^2N_s^2)$。

如果对于 $n-1$ 对机器人均可得到可行协调运动，则 R_i 可在任意其他机器人 R_r 执行当前运动时到达备选任务。可通过使 R_i 为每个 R_r 让行来避免碰撞，即 $R_i < R_r(r=1,2,\cdots,n,r\neq i)$。$R_i$ 可通过系数 C_{sir} 进行减速来避免碰撞。比较由各对机器人协调得到的减速系数，选取其中的最大值作为最终减速系数：

$$C_{si} = \max_r C_{sir} \cdot C_{sr} \qquad (8.20)$$

可得

$$C_{si} > C_{sir}, \forall r \qquad (8.21)$$

因此可避免与所有机器人的碰撞。

8.4　实　　验

本小节通过仿真和实验，对本章介绍的任务分配方法对不确定任务执行时间的反应能力、实时性、任务完成效率、运动可行性和可拓展性进行验证。

考虑图 8.5 所示的任务场景，几个机器人呈直线排列，须同步执行一系列任务。每个机器人可以到达 8 个任务位置，其中 4 个同时也可以被其相邻的机器人执行。采用"8.2　在线序列任务分配"介绍的在线异步任务分配结构（用简称 Async. 表示），每一步任务分配问题建立为可变效能的最优分配问题，并通过分支定界算法求解（"8.3　多机器人最优任务分配"）。算法通过 C++ 语言程序实现，在配备 Intel Core i9-9980HK 5.0GHz CPU、32GB RAM 的笔记本计算机上运行。实验平台包含 3 台七自由度机械臂（Panda），采用 ROS 中的 franka_ros API 作为控制接口。

包含 3 台机械臂的实验场景如图 8.6 所示。三组随机生成的任务执行时间如表 8.1 所示。在第一组实验中，机器人仅在任务位形间运动，不停留执行任务。在线为每个机械臂规划运动学和动力学可行的运动，并进行运动协调（"8.3.2　多机器人协调在最优分配问题中的建模")。在实验中，机器人完成上一任务时立即被分配新的任务，三个机器人在交叠的工作空间安全工作。采用一个朴素序列同步分配方法（用简称 Sync. 表示）作为基准进行对比，该方法等待所有机器人均完成前一任务后同步分配下一步任务。

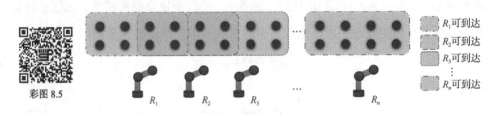

彩图 8.5

图 8.5　一般任务场景

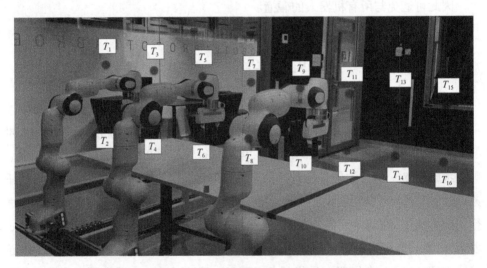

图 8.6　包含 3 台七自由度机械臂（Panda）的实验场景

表 8.1　三组随机生成的任务执行时间

	T_1	T_2	T_3	T_4	T_5	T_6	T_7	T_8	T_9	T_{10}	T_{11}	T_{12}	T_{13}	T_{14}	T_{15}	T_{16}
1	0	0	0	0	0	0	0	0	0	0	0	0	0	0	0	0
2	5.39	1.34	16.10	11.90	16.65	1.85	11.34	16.26	3.11	10.19	6.85	9.19	15.79	17.63	2.25	2.36
3	13.10	4.29	8.01	15.90	4.08	12.38	18.41	12.38	4.17	1.60	14.94	11.11	4.22	11.01	18.93	3.90

160

（1）对任务执行不确定性的在线反应：在实验中测试在线序列任务分配方法对不确定性任务执行时间的反应。任务分配结果如图 8.7（a）～图 8.7（c）所示。在不可预知的任务执行时间下，异步方法根据系统当前状态选择下一步的最优分配；在不同的任务执行时间下得到不同的分配结果。同步分配方法始终得到相同的分配结果，如图 8.7（d）所示。

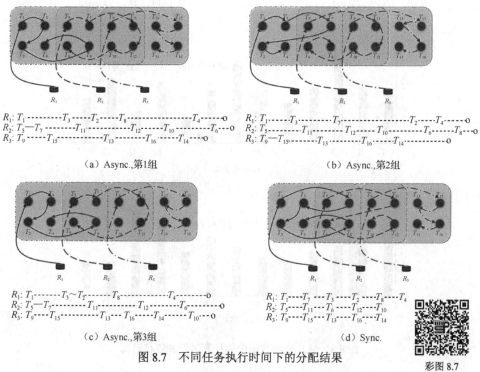

图 8.7　不同任务执行时间下的分配结果

注：R_1、R_2、R_3 说明中的虚线长短表示任务转移时间的长短。

彩图 8.7

（2）实时性：实时性通过机器人完成前一任务后开始下一任务前的等待时间来衡量。虽然任务执行时间在任务执行结束前未知，在大部分情况下，机器人结束前一任务后立即执行下一任务。并行仿真预测技术（"8.2.2　并行仿真预测"）使其可在不确定性情况下提前计算下一步分配，等待时间（$10^{-4} \sim 10^{-3}$ s）远小于计算时间，如图 8.8 所示。在一些情况下，多个机器人几乎同时完成前一任务，或上一任务完成时规划器还未完成计算，会造成相对较长的等待时间。

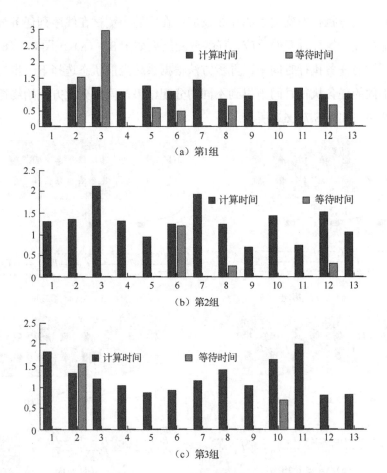

图 8.8　异步分配方法中的计算时间和等待时间

（3）任务完成效率：通过测量完成全部任务的时间来衡量任务完成效率。如表 8.2 所示，异步分配方法任务完成时间小于同步分配方法。

表 8.2　总任务完成时间

方法	第 1 组	第 2 组	第 3 组
Sync.	86.81	166.84	148.29
Async.	72.13	131.75	128.39

（4）可拓展性：通过仿真，测试该方法随机器人数量增长的可拓展性。测试包含至多10个机器人的系统，记录平均分配计算时间。如图8.9所示，当机器人数目为5时，同步分配方法计算时间变化不规则。这是由于采用深度优先策略对多层搜索树进行搜索时，可能出现花费较长时间对一个分支进行搜索却无可行解返回的情况；计算时间很大程度上取决于任务设定和搜索顺序。异步分配方法将搜索树简化为仅有一层有效（"8.3.4　异步分配实现"），计算时间随机器人数目增加而线性增长。

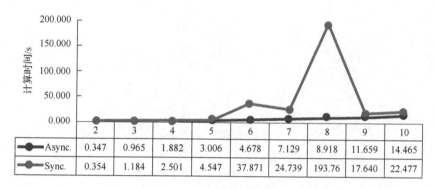

	2	3	4	5	6	7	8	9	10
Async.	0.347	0.965	1.882	3.006	4.678	7.129	8.918	11.659	14.465
Sync.	0.354	1.184	2.501	4.547	37.871	24.739	193.76	17.640	22.477

图8.9　计算时间随机器人数目的变化规律

8.5　本章小结

本章介绍了一种针对 ST-SR-TA-XD 类型任务分配问题的多机械臂在线任务分配方法。首先建立了具有并行预测技术的在线序列任务分配结构，将 TA 问题分解为一系列 IA 问题，降低计算复杂性并应对任务执行时间不确定性；然后建立了针对每个 IA 问题的可变效能最优分配问题模型和分支定界算法，其中考虑多机器人干涉与协调，快速选取系统当前状态下的下一步最优分配。采用 3 个七自由度机械臂对该方法进行实验验证，在任务执行时间不确定的情况下，实现了几乎没有空闲时间的连续任务分配，多个机械臂在共享空间中协同完成所有任务，避免彼此之间的干涉。在包含 10 个机械臂的仿真实验中验证了该方法的可拓展性，其计算时间随机器人数目增加呈线性增长。

参 考 文 献

[1] Zhang S, Pecora F. Online sequential task assignment with execution uncertainties for multiple robot manipulators[J]. IEEE Robotics and Automation Letters, 2021, 6(4): 6993-7000.